U0050612

Deepen Your Mind

序一

TensorFlow 2 降低機器學習門檻，促進機器學習無處不在！

深度學習帶來了機器學習技術的革命，也讓人工智慧成為近年來最火爆的話題之一，給社會各界帶來了深遠的影響。在學術界，arXiv 上有關機器學習的論文數量急遽增長，其速度趕上了莫爾定律；在工業界，深度神經網路技術被大規模地用在搜尋、推薦、廣告、翻譯、語音、影像和視訊等領域。同時，公眾非常關注人工智慧對於社會的影響，「如何建置負責的 AI」成為重要話題。深度學習也在推動一些人類重大的工程挑戰，例如自動駕駛、醫療診斷和預測、個性化學習、科學發展（例如天文發現）、跨語言的自由交流（例如即時翻譯）、更通用的人工智慧系統（例如 AlphaGo）等。

TensorFlow 是開放原始碼的點對點機器學習平台，提供了豐富的工具鏈，推動了機器學習的前端研究，支撐了大規模生產使用，支援多平台靈活部署。TensorFlow 具有龐大的社區，目前全球下載量已經超過 1 億次，遍佈全球的開發者不斷為社區做貢獻。TensorFlow 推動了很多前端研究，例如 Google 在 2017 年提出了 Transformer 模型，可能是過去幾年深度學習領域最有影響力的成果之一；2018 年提出了 BERT 模型，帶來了 NLP 領域近年來最大的突破，很快在工業界獲得廣泛使用。TensorFlow 支撐了社區中很多應用，例如環境保護（亞馬遜熱帶雨林的護林人員使用 TensorFlow 來識別叢林中砍樹的聲音，判斷是否有盜伐者）、農業監測（在非洲，開發者使用 TensorFlow 製作出了判斷植物是否生病的手機應用，只需對植物進行拍照）、文化研究（蘭州大學使用 TensorFlow 做基於敦煌壁畫的服飾產生）和健康保護（安徽中醫藥大學使用 TensorFlow 識別中草藥）等。在科學計算領域，Summit 是全球領先的超級電腦系統，它利用 TensorFlow 來做極端天氣的預測。在工業界，很多常見的應用背後都有 TensorFlow 的支援，例如網易嚴選用 TensorFlow 做銷售資料預測，騰訊醫療使用 TensorFlow 做醫療影像處理，英文流利說用 TensorFlow 幫助使用者學習英文。大家常見的推薦、搜尋、翻譯和語音辨識產品等，很多使用了 TensorFlow。

TensorFlow 2 特別注意便利性，同時兼具可擴充性和高性能，降低了機器學習的門檻。一項技術只有低門檻，才能大規模普及，這也是 TensorFlow 的重要目標：促進人人可用的機器學習，幫助建置負責的 AI（Responsible AI）應用。TensorFlow 2 中預設推薦使用 Keras 作為高階 API。Keras 簡單好用，裡面有大量可以重複使用的模組，僅用數行程式就可以建置一個複雜的神經網路，受到廣大開發者的喜愛。Keras 還兼具靈活性，很多部分可以訂製，滿足多層次的需求（例如研究人員探索不同的模型結構）。TensorFlow 2 預設以動態圖方式執行，便於偵錯；同時可以輕鬆使用 tf.function 把靜態圖轉為動態圖，還可開啟 XLA 編譯最佳化功能，提高性能。API 一致性和文件豐富性非常重要，TensorFlow 2 在保持 API 一致性方面做了大量工作。在 TensorFlow 2 中，可以輕鬆使用 Distribute Strategy，一行程式就能實現從單機多卡到多機多卡的切換；提供了 tf.data 實現高性能、可擴充的資料管線；也在 TensorBoard 中提供了豐富的功能來幫助偵錯和最佳化效能。

TensorFlow Lite 加速了終端機器學習（on-device ML，ODML）的發展，讓機器學習無處不在。它支援 Android、iOS、嵌入式裝置，以及極小的 MCU 平台。全球已經有超過 40 億裝置部署了 TensorFlow Lite，除了 Google 的大量應用，在國外的 Uber、Airbnb，國內的網易、愛奇藝、騰訊等公司的應用上，都可以見到 TensorFlow Lite 的身影。TensorFlow Lite 支援多種量化和壓縮技巧，持續提升效能，支援各種硬體加速器（例如 NNAPI、GPU、DSP、Core ML 等）；持續發佈前端模型（例如 EfficientNet-Lite，MobileBERT）和完整參考應用，並提供豐富的工具降低門檻（例如 TFLite Model Maker 和 Android Studio ML model binding）。最近還有一些突破，例如基於強大的 BERT 模型的問題回答系統也可以執行在低端 CPU 上（利用壓縮的 MobileBERT），在 MCU 上的簡單語音辨識模型只需要 20 KB，這些給終端機器學習帶來了廣闊前景，讓「機器學習無處不在」成為可能。

TensorFlow 生態系統還具有豐富的工具鏈。TFX 支援點對點的複雜的機器學習流程，其中 TensorFlow Serving 是使用廣泛的高性能的伺服器端部署平台；TensorFlow.js 支援使用 JavaScript 在瀏覽器端部署，也與微信小程式有很好的整合，為廣大 JavaScript 同好提供了便利；TensorFlow Hub 提供了上千個即開即用的預訓練模型，覆蓋語言、語音、文字等多種應用，方便進行遷移學習，進一步降低機器學習的門檻。另外還有許多團隊基於 TensorFlow 建置了多元的工具，例如 TensorFlow Probability（TensorFlow 和機率模型結合）、TensorFlow Federated（TensorFlow 和聯邦學習結合）、TensorFlow Graphics（TensorFlow 和圖形學結合），甚至 TensorFlow Quantum（TensorFlow 和量子計算結合）。

TensorFlow 開放原始碼的目標是促進人人可用的負責任的 AI，為此我們提供了一系列工具加速此過程。我們透過這些工具推薦了最佳做法（如 People+AI Guidebook），促進公正性（如 Fairness Indicators），推動模型可解釋性（促進相關研究，提供相關工具），關注隱私（例如 TensorFlow Privacy、TensorFlow Federated），以及關注安全。

回到本書，其主要作者李錫涵是 TensorFlow 中國社區最活躍的成員之一，也是中國最早的機器學習領域的 Google 開發者專家（Google Developers Expert，GDE）之一，為無數 TensorFlow 社區成員提供過教育訓練，多次參與全球的 TensorFlow 活動，為 TensorFlow 中文社區做出了極大貢獻。從我三年前開始推動 TensorFlow 中文社區開始，李錫涵一直是中堅力量，和 TensorFlow 團隊協作緊密。作者李卓桓也是非常活躍的 Google 開發者專家、卓有成就的投資者、JavaScript 的狂熱同好，由他負責的 TensorFlow.js 一章自然非常精彩。其他幾位對本書有貢獻的人也都為社區做出了極大貢獻，經驗豐富。

我有幸完整地見證了本書的誕生過程。早期 TensorFlow 社區組織者之一程路和李錫涵開始在週末策劃和推進本書，如今終有收穫。在其早期版本（基於 TensorFlow 1.x）發佈時，這本書獲得了 Jeff Dean 在 Twitter 的轉發推薦。到後來，TensorFlow 2 發佈，李錫涵、李卓桓等作者基於

TensorFlow 2 對本書進行了更新。同時，TensorFlow 中國團隊的工程師（Tiezhen Wang 等）為本書提供了大量的建議，也將此專案作為 Google Summer of Code（GSoC）專案來支援。在此之後，李錫涵多次將本書用於社區教育訓練，並在 TensorFlow 官方微信連載，回答了大量社區中的問題。我們不久前組織了 TensorFlow Study Jam，社區集體基於本書學習 TensorFlow，李錫涵和李卓桓都是其中的主講者。

本書簡單明瞭，適合快速入門，是難得的適合 TensorFlow 初學者閱讀的好作品，強烈推薦給大家！雖然社區裡已有不少 TensorFlow 英文和中文教學，但是本書出自經驗豐富的 Google 開發者專家，有 TensorFlow 團隊工程師的建議，歷經多次疊代，在社區實作中反覆錘煉，這些都讓本書別具一格。

TensorFlow 是一個開放的社區，大家總可以在社區中找到自己的興趣。當然，你也可以關注各地的 TFUG（TensorFlow User Group）活動。中國內地已有 19 個城市有 TFUG，如果所在的城市沒有，你也可以申請組織當地的 TFUG，從為社區翻譯文件、創作教學和分享案例開始做起。當你學習完此書、胸有成竹時，歡迎報考全球通用的 TensorFlow Developer Certificate，參加 Kaggle 比賽（並享受免費 GPU 和 TPU），為 TensorFlow 貢獻模型（TensorFlow Model Garden 特別歡迎大家貢獻 TensorFlow 2 的模型），或參加 TensorFlow SIG，貢獻程式。經驗豐富且願意為社區做貢獻的朋友們，歡迎你們像李錫涵和李卓桓一樣，申請成為 Google 開發者專家，在社區中發揮更大的影響力。

最後，希望讀者能享受學習本書的樂趣，將 TensorFlow 應用到研究和產品中。如果希望了解最新的 TensorFlow 訊息和豐富的社區應用案例，可以關注 TensorFlow 的微信公眾號，或造訪官方網站。

李雙峰

TensorFlow 中國研發負責人

序二

I first met Xihan in Jeju Island, Korea in 2017 summertime. He was one of the students attending Machine Learning Camp Jeju, and I had a pleasure to continue working with him around various ML programs which I crafted in Google. He was one of the first ML GDEs(Google Developers Experts) in China and remains as an active member. He also helped to expand ML GDEs at a global level and he was one of the earliest developers writing online books on TensorFlow 2. This book includes the latest information on TensorFlow and guides the readers toward its features including Eager Execution which will make developer's codes a lot more intuitive. This book covers TensorFlow extensively, and also includes the latest information on advanced technologies including quantum computing.

On top of all the relevant contents that this book contains, all the beautiful collaboration makes this book special. Many other ML GDEs participated to write chapters that they felt comfortable with. And when I heard that several members of TFUG (TensorFlow User Group)，GDG (Google Developers Group) and GSoC (Google Summer of Code) also joined in this project, my special feeling of this book has become even more special. Like TensorFlow being an Open Source, this book is a great example of collaboration of many people in an Open Source manner.

Congratulations to Xihan and everyone who helped on this project. This is a truly meaningful outcome and will remain as a great, helpful resource for many more developers to come.

Soonson Kwon

Global ML Ecosystem Programs Lead in Google

2017 年暑假的時候，我在韓國濟州島第一次見到了錫涵，那時他是參加濟州島機器學習夏令營的學生之一。在此之後，我很高興能和他繼續合作，共同推進我在 Google 負責的各種機器學習專案。他是中國第一批機器學習領域的 Google 開發者專家，並且直到現在，他仍然是活躍的成員。他幫助了 Google 開發者專家專案在全世界的推廣，同時也是最早撰寫 TensorFlow 2 線上手冊的開發者之一。錫涵的這本書包含了 TensorFlow 的最新資訊，並啟動讀者了解其功能，尤其是使開發者撰寫程式更加直觀的「即時執行模式」。本書還介紹了 TensorFlow 的更多相關主題，包含量子計算等前端技術的最新資訊。

除了上述前端的內容之外，許多美妙的合作也讓本書變得更加特別：一些其他的 Google 開發者專家也參與撰寫了他們擅長的章節。而當我聽説 TensorFlow 開發者社區（TFUG）、Google 開發者社區（GDG）和 Google 程式設計之夏（Google Summer of Code）的一些成員也加入了這個專案時，本書更加令我刮目相看。正如 TensorFlow 是開放原始碼專案一樣，本書也是以開放原始碼方式合作的很好的實例。

祝賀錫涵和所有對這個專案提供幫助的人。這是一個意義深遠的成果，並將為未來的更多開發者們提供一個優質且實用的開發資源。

Soonson Kwon
Google 全球機器學習生態系統專案負責人

序三

人工智慧技術正加速推進產業變革和社會變革，其領導創新和驅動轉型的作用日益凸顯。深度學習和特徵表示學習作為新一輪人工智慧高潮的推進器，受到學術界和產業界的高度關注。我們有理由相信，在未來幾年或十幾年間，與深度學習和特徵表示學習等相關的理論和方法研究將出現更激動人心的進展，在智慧製造、智慧醫療、智慧家居、智慧教育和智慧型機器人等領域將有更多、更深層次的應用落地。

TensorFlow 是 Google Brain 團隊推出的開放原始碼、點對點的機器學習平台，是目前主流的深度學習架構之一。TensorFlow 擁有較為全面而靈活的生態系統，既可以幫助研究人員研發新的學習模型和演算法，也可以讓應用程式開發人員輕鬆建置和部署機器學習的相關演算法，以支援針對應用的開發，大幅降低機器學習和深度學習在各個企業中的應用難度。與先前的版本相比，2019 年 10 月發佈的 TensorFlow 2 正式版的可用性和成熟度大為加強，適合進行大規模的推廣普及。

作為老師和朋友，非常欣喜和榮幸地推薦北京大學智慧科學系數據智慧實驗室 2016 級校友李錫涵的新書。作為首批機器學習領域的 Google 開發者專家，李錫涵在利用 TensorFlow 開展強化學習相關理論方法研究的同時，也持續追蹤 TensorFlow 的研發進展。至今已連續 3 次參加 TensorFlow 開發者高峰會，多次受到 Google 開發者社群邀請，並在 GDG DevFest、TensorFlow Day 和 Women Techmakers 等活動中參與 TensorFlow CodeLab 教學。本書在簡潔高效介紹 TensorFlow 相關概念和功能的同時，也有從研究人員和開發人員角度對 TensorFlow 本身特點的思考、實作和經驗歸納。

人工智慧技術正處於蓬勃發展的時期，大批優秀的研究員和程式設計師紛紛加入該行列。如何站在前人的肩膀上，研發更新、更好的機器學習和深度學習演算法、應用，是大家普遍關心的問題。TensorFlow 是目前主流的學習架構之一，也是開展相關研究和應用程式開發的基礎平台。希望更多人工智慧研究人員和開發人員透過閱讀本書，成為更好的資料科學家、機器學習演算法工程師和人工智慧實作者。

童雲海

北京大學資訊科學技術學院教授、博士生導師
北京大學圖書館副館長

前言

2018 年 3 月 30 日，Google 在加州山景城舉行了第二屆 TensorFlow 開發者高峰會（TensorFlow Dev Summit），並正式宣佈發佈 TensorFlow 1.8。作為首批機器學習領域的 Google 開發者專家，我有幸獲得 Google 的資助，親臨高峰會現場，見證了這一具有里程碑意義的新版本發佈。許多新功能的加入和支援展示了 TensorFlow 的雄心壯志，已經醞釀許久的即時執行模式（Eager Execution，或稱「動態圖模式」）在這一版本中終於正式獲得支援。

在此之前，TensorFlow 基於傳統的圖執行模式與階段機制（Graph Execution and Session，或稱「靜態圖模式」）的弊端已被開發者詬病許久，如入門門檻高、偵錯困難、靈活性差、無法使用 Python 原生控制敘述等。一些新的、基於即時執行模式的深度學習架構（如 PyTorch）從天而降，並以其便利性和快速開發的特性而佔據了一席之地。尤其是在學術研究等需要快速疊代模型的領域，PyTorch 等新興深度學習架構已成為主流。我所在的近二十人的機器學習實驗室中，竟只有我一人「守舊」地使用 TensorFlow。與此同時，市面上 TensorFlow 相關的中文技術書以及資料仍然基於傳統的圖執行模式與階段機制，這讓不少初學者，尤其是剛學過機器學習課程的大學生望而卻步。

因此，在 TensorFlow 正式支援即時執行模式之際，我認為有必要出現一本全新的入門書，幫助初學者及需要快速疊代模型的研究者，以「即時執行」的角度快速入門 TensorFlow。這也是我撰寫本書的初衷。本書自 2018 年春天開始撰寫，並於 2018 年 8 月在 GitHub 發佈了第一個中英文雙語版本，很快獲得了國內外不少開發者的關注。尤其是 TensorFlow 工程總監 Rajat Monga、GoogleAI 負責人 Jeff Dean 以及 TensorFlow 官方社交媒體，他們對本書給予了推薦與關注，這給了我很大的鼓舞。同時，我作為 Google 開發者專家，多次受 Google 開發者社區（Google

Developers Group，GDG）的邀請，在 GDG DevFest、TensorFlow Day 和 Women Techmakers 等活動中使用本書進行線下的 TensorFlow Codelab 教學。教學活動獲得了較好的反響，也收到了不少回饋和建議，這些都促進了本書的更新和品質改進。

2019 年 3 月的第三屆 TensorFlow 開發者高峰會，我再次受邀來到 Google 的矽谷總部，見證了 TensorFlow 2.0 alpha 的發佈。此時的 TensorFlow 已經形成了一個擁有龐大版圖的生態系統。TensorFlow Lite、TensorFlow. js、TensorFlow for Swift、TPU 等各種元件日益成熟。同時，TensorFlow 2 加入了提升便利性的諸多新特性，例如以 tf.keras 為核心的統一高層 API、使用 tf.function 建置圖模型、預設使用即時執行模式等，這使得對本書的大幅擴充和更新提上日程。Google 開發者社區中兩位 JavaScript 和 Android 領域的資深專家李卓桓和朱金鵬也參與了本書的撰寫，這使得本書增加了諸多針對業界的 TensorFlow 模組詳解與實例。同時，我在 Google 開發者大使（Developer Advocate）Paige Bailey 的邀請下申請並成功加入了 Google Summer of Code 2019 活動。作為全世界 20 位由 Google TensorFlow 專案資助的學生開發者之一，我在 2019 年的暑期基於 TensorFlow 2.0 Beta 版本，對本書進行了大幅擴充和可讀性上的改進，使得本書從 2018 年發佈的小型入門指南逐漸成長為一本內容全面的 TensorFlow 技術手冊和開發指導。

2019 年 10 月 1 日，TensorFlow 2.0 正式版發佈。本書也開始在 TensorFlow 官方微信公眾號（TensorFlow_official）上長篇連載。在連載過程中，我收到了大量的讀者提問和意見回饋。在為讀者答疑的同時，我也修訂了書中的較多細節。2020 年 3 月，第四屆 TensorFlow 開發者高峰會在線上直播舉行。我根據高峰會的內容為本書增添了部分內容，特別是介紹了 TensorFlow Quantum 這一混合量子 – 經典機器學習函數庫的基本使用方式。我在研究所學生期間旁聽過量子力學，還做過量子計算和機器學習結合的專題報告。TensorFlow Quantum 的推出著實讓我感到興奮，讓我迫不及待地要把它介紹給讀者們。2020 年 4 月，我接受 TensorFlow User Group（TFUG）和 Google 開發者社區的邀請，依靠本書在 TensorFlow 官方微信公眾號上開展了「機器學習 Study Jam」線上教學活動，並啟用了 tf.wiki 中文社區進行教學互動答疑。同樣，此次教學也有不少學習者為本書提供了重要的改進意見。

由於我的研究方向是強化學習，所以在本書的附錄 A 中對強化學習進行了專題介紹。和絕大多數強化學習教學一開始就介紹馬可夫決策過程和各種概念不同，我從純動態規劃出發，結合實際算例來介紹強化學習，試圖讓強化學習和動態規劃的關係更清晰，以及對程式設計師更人性化。這個角度相比較較特立獨行，如果你發現了謬誤之處，也請多加指正。

其實在 2018 年秋天，我就已經開始籌畫本書的出版事宜，由於 TensorFlow 版本疊代速度快，所以這個過程中多次對書中的內容進行了修訂與增加，導致本書的出版時間一再延後。在此書最後付梓時，TensorFlow 2.1 正式版已經發佈，其中修正了 TensorFlow 2 在使用中的諸多問題，使得 TensorFlow 2 的可用性和成熟度大為加強，適合進行大規模推廣普及。經過多次修訂後，書中的大部分內容也趨於穩定。因此，我認為現在（2020 年夏天）是出版本書的成熟時機。儘管如此，本書依然可能存在諸多缺陷、錯誤和過時之處，歡迎在 tf.wiki 中文社區或圖靈社區進行回饋。

本書的主要特點如下。

- 主要基於 TensorFlow 2 最新的即時執行模式，以便模型的快速疊代開發，同時使用 tf.function 實現圖執行模式。

- 定位為技術參考書，並以 TensorFlow 2 的各項概念和功能為核心進行編排，力求讓 TensorFlow 開發者快速查閱。各章相對獨立，不一定需要按順序閱讀。
- 書中的程式均經過仔細推敲，儘量做到簡潔高效、表意清晰。模型實現均統一透過繼承 tf.keras.Model 和 tf.keras.layers.Layer 的方式，保障程式的高度可重複使用性。每個完整專案的程式總行數均不超過100，讀者可以快速了解並舉一反三。
- 注重詳略，少即是多。不追求鉅細靡遺和面面俱到，不在正文中進行大篇幅的細節論述。

本書適合以下讀者閱讀：

- 已有一定機器學習或深度學習基礎，希望將所學理論知識使用 TensorFlow 進行實作方式的學生和研究者；
- 曾使用或正在使用 TensorFlow 1.x 或其他深度學習架構（例如 PyTorch），希望了解和學習 TensorFlow 2 新特性的開發者；
- 希望將已有的 TensorFlow 模型應用於業界的開發者或工程師。

> 📥 提示
>
> 本書的主題是 TensorFlow 2，而非機器學習或深度學習原理，若希望了解機器學習或深度學習的理論，可參考附錄 E 中提到的一些入門資料。另外，本書相關的網址收錄在 https://www.ituring.com.cn/article/510217。

✿ 如何使用本書

建議已有一定機器學習或深度學習基礎，希望使用 TensorFlow 2 進行模型建立與訓練的學生和研究者，順序閱讀本書的基礎篇。為了幫助部分新入門機器學習的讀者了解內容，本書在基礎篇中提供了一些與行文內容相關的機器學習知識。這些內容旨在幫助讀者將機器學習理論知識與實際的 TensorFlow 程式碼進行結合，深入了解 TensorFlow 程式的內在機制，讓讀者在呼叫 TensorFlow 的 API 時能夠知其所以然。然而，這些內容對於沒有機器學習基礎的讀者而言是完全不夠的。若讀者發現閱讀這些內容有很強的陌生感，那麼應該先學習一些機器學習相關的基礎概念。部分章節的開頭提供了「前置知識」，方便讀者查漏補缺。

希望將 TensorFlow 模型部署到實際環境中的開發者和工程師，可以重點閱讀本書的部署篇，尤其是需要結合範例程式親手操作。不過，依然非常建議學習一些機器學習的基礎並閱讀本書的基礎篇，這樣有助更深入地了解 TensorFlow 2。

對於已有 TensorFlow 1.x 使用經驗的開發者，可以從本書的進階篇開始閱讀，尤其是第 15 章和第 16 章，隨後快速瀏覽基礎篇了解即時執行模式下 TensorFlow 的使用方式。

在整本書中，帶 * 的部分均為選讀。

本書範例程式可至本公司官網下載，網址為「https://deepmind.com.tw/，選擇對應的書號下載。在使用時，建議將程式的根目錄加入 PYTHONPATH 環境變數，或使用合適的 IDE（如 PyCharm）開啟程式根目錄，這樣程式間可以順利地相互呼叫（形如 import zh.XXX 的程式）。

♣ 致謝

首先感謝我的好友兼同學 Chris Wu 撰寫的《簡單高效 LaTeX》[1]。該書清晰精煉，是 LaTeX 領域不可多得的中文資料，為本書的初始體例編排提供

1　吳康隆著，人民郵電出版社 2020 年出版。

了標準和指引。本書最初是在我的好友 Ji-An Li 所組織的深度學習研討團隊中，作為預備知識講義撰寫和使用的。好友們卓著的才學與無私分享的精神是我撰寫此拙作的重要幫助。

本書中有關 TensorFlow.js 的章節（第 8 章）和有關 TensorFlow Lite 的章節（第 7 章和第 18 章）分別由李卓桓和朱金鵬撰寫。另外，卓桓還撰寫了 TPU 部分（第 10 章）和 Swift for TensorFlow 部分（第 13 章），金鵬還提供了 TensorFlow Hub 的介紹（第 11 章）。來自豆瓣閱讀的王子陽提供了關於 Node.js（6.3.2 節）和阿里雲（C.2.3 節）的部分範例程式和説明。在此向他們特別表示感謝。

在基於本書初稿的多場線上、線下教學活動和 TensorFlow 官方微信公眾號連載中，大量活動參與者與讀者為本書提供了有價值的回饋，促進了本書的持續更新。Google 開發者社區和 TensorFlow User Group 的多位志願者們也為這些活動的順利舉辦做出了重要貢獻。來自中國科學技術大學的 Zida Jin 將本書 2018 年初版的大部分內容翻譯為了英文，Ming 和 Ji-An Li 在英文版翻譯中亦有貢獻，促進了本書在全球內的推廣。在此一併表示由衷的謝意。

衷心感謝 Google 中國開發者關係團隊和 TensorFlow 工程團隊的成員及前成員們對本書所提供的幫助。其中，開發者關係團隊的程路在撰寫本書的過程中為我提供了重要的想法和鼓勵，並且提供了本書線上版本的域名和 tf.wiki 中文社區的域名；開發者關係團隊的 Soonson Kwon、Lily Chen、Wei Duan、Tracy Wang、Rui Li、Pryce Mu，TensorFlow　產品經理 Mike Liang 和 Google 開發者大使 Paige Bailey 為本書宣傳及推廣提供了大力支持；TensorFlow 工程團隊的 Tiezhen Wang 在本書的工程細節方面提供了諸多建議和補充；TensorFlow 中國研發負責人李雙峰和 TensorFlow 工程團隊的其他工程師們為本書提供了專業的審稿意見。同時感謝 TensorFlow 工程總監 Rajat Monga 和 Google AI 負責人 Jeff Dean 在社交媒體上對本書的推薦與關注。感謝 Google Summer of Code 2019 對本專案的資助。

本書的主體部分為我在北京大學資訊科學技術學院智慧科學系攻讀碩士學位時撰寫。感謝我的導師童雲海教授和實驗室的同學們對本書的支援。

最後，感謝人民郵電出版社的王軍花、武芮欣兩位編輯對本書的細緻編校及出版流程跟進。感謝我的父母和好友對本書的關注和支援。

關於本書的意見和建議，歡迎在 tf.wiki 中文社區或圖靈社區 [2] 提交，你的寶貴意見將促進本書的持續更新。

李錫涵 (snowkylin)

Google 開發者專家，機器學習領域

2　你可到 https://www.ituring.com.cn/article/510217，其中收錄了與本書相關的全部連結。

目錄

0 TensorFlow 概述

第一篇　基礎篇

---

01 TensorFlow 的安裝與環境設定

1.1　一般安裝步驟 1-1

1.2　GPU 版本 TensorFlow 安裝指南 1-5

　　1.2.1　GPU 硬體的準備 1-5

　　1.2.2　NVIDIA 驅動程式的安裝 1-5

　　1.2.3　CUDA Toolkit 和 cuDNN 的安裝 1-7

1.3　第一個程式 1-8

1.4　IDE 設定 1-10

1.5*　TensorFlow 所需的硬體規格 1-11

02 TensorFlow 基礎

2.1　TensorFlow 1+1 2-2

2.2　自動求導機制 2-4

2.3　基礎範例：線性回歸 2-6

　　2.3.1　NumPy 下的線性回歸 2-8

　　2.3.2　TensorFlow 下的線性回歸 2-9

03 TensorFlow 模型建立與訓練

3.1　模型與層 3-1

3.2　基礎範例：多層感知器 3-6

3.2.1 資料獲取及前置處理：tf.keras.datasets 3-7

3.2.2 模型的建置：tf.keras.Model 和 tf.keras.layers 3-8

3.2.3 模型的訓練：tf.keras.losses 和 tf.keras.optimizer 3-10

3.2.4 模型的評估：tf.keras.metrics 3-12

3.3 卷積神經網路 3-15

3.3.1 使用 Keras 實現卷積神經網路 3-15

3.3.2 使用 Keras 中預先定義的經典卷積神經網路結構 3-17

3.4 循環神經網路 3-25

3.5 深度強化學習 3-32

3.6* Keras Pipeline 3-38

3.6.1 Keras Sequential / Functional API 模式建立模型 3-39

3.6.2 使用 Keras Model 的 compile、fit 和 evaluate 方法訓練和
      評估模型 3-40

3.7* 自訂層、損失函數和評估指標 3-41

3.7.1 自訂層 3-41

3.7.2 自訂損失函數和評估指標 3-43

04 TensorFlow 常用模組

4.1 tf.train.Checkpoint：變數的保存與恢復 4-1

4.2 TensorBoard：訓練過程視覺化 4-7

4.2.1 即時查看參數變化情況 4-7

4.2.2 查看 Graph 和 Profile 資訊 4-9

4.2.3 實例：查看多層感知器模型的訓練情況 4-11

4.3 tf.data：資料集的建置與前置處理 4-12

4.3.1 資料集物件的建立 4-12

4.3.2 資料集物件的前置處理 4-15

4.3.3 使用 tf.data 的平行化策略提高訓練流程效率 4-18

4.3.4 資料集元素的獲取與使用 4-20

4.3.5 實例：cats_vs_dogs 圖型分類 4-21

4.4 TFRecord：TensorFlow 資料集儲存格式 4-25

4.4.1 將資料集儲存為 TFRecord 檔案....................................4-26

4.4.2 讀取 TFRecord 檔案...4-28

4.5* @tf.function：圖執行模式..4-30

4.5.1 @tf.function 基礎使用方法...4-30

4.5.2 @tf.function 內在機制..4-32

4.5.3 AutoGraph：將 Python 控制流轉為 TensorFlow 計算圖...............4-36

4.5.4 使用傳統的 tf.Session...4-38

4.6* tf.TensorArray：TensorFlow 動態陣列................................4-40

4.7* tf.config：GPU 的使用與分配.......................................4-41

4.7.1 指定當前程式使用的 GPU...4-42

4.7.2 設定顯示卡記憶體使用策略..4-43

4.7.3 單 GPU 模擬多 GPU 環境...4-45

第二篇 部署篇

05 TensorFlow 模型匯出

5.1 使用 SavedModel 完整匯出模型......................................5-1

5.2 Keras 自有的模型匯出格式..5-5

06 TensorFlow Serving

6.1 TensorFlow Serving 安裝..6-1

6.2 TensorFlow Serving 模型部署..6-3

6.2.1 Keras Sequential 模式模型的部署..................................6-4

6.2.2 自訂 Keras 模型的部署...6-4

6.3 在用戶端呼叫以 TensorFlow Serving 部署的模型.......................6-6

6.3.1 Python 用戶端範例...6-7

6.3.2 Node.js 用戶端範例..6-8

07 TensorFlow Lite

7.1 模型轉換 7-2

7.2 TensorFlow Lite Android 部署 7-3

7.3 TensorFlow Lite Quantized 模型轉換 7-10

7.4 小結 7-15

08 TensorFlow.js

8.1 TensorFlow.js 環境設定 8-2

　　8.1.1 在瀏覽器中使用 TensorFlow.js 8-2

　　8.1.2 在 Node.js 中使用 TensorFlow.js 8-4

　　8.1.3 在微信小程式中使用 TensorFlow.js 8-5

8.2 TensorFlow.js 模型部署 8-7

　　8.2.1 在瀏覽器中載入 Python 模型 8-7

　　8.2.2 在 Node.js 中執行原生 SavedModel 模型 8-9

　　8.2.3 使用 TensorFlow.js 模型函數庫 8-10

　　8.2.4 在瀏覽器中使用 MobileNet 進行攝影機物體辨識 8-10

8.3* TensorFlow.js 模型訓練與性能比較 8-15

第三篇　大規模訓練篇

09 TensorFlow 分散式訓練

9.1 單機多卡訓練：MirroredStrategy 9-1

9.2 多機訓練：MultiWorkerMirroredStrategy 9-4

10 使用 TPU 訓練 TensorFlow 模型

10.1 TPU 簡介 10-1

10.2 TPU 環境設定 10-4

10.3 TPU 基本用法 10-5

第四篇　擴展篇

⑪ TensorFlow Hub 模型重複使用

11.1 TF Hub 網站 11-1

11.2 TF Hub 安裝與重複使用 11-3

11.3 TF Hub 模型二次訓練範例 11-7

⑫ TensorFlow Datasets 資料集載入

⑬ Swift for TensorFlow

13.1 S4TF 環境設定 13-2

13.2 S4TF 基礎使用 13-3

　　13.2.1 在 Swift 中使用標準的 TensorFlow API 13-4

　　13.2.2 在 Swift 中直接載入 Python 語言函數庫 13-5

　　13.2.3 語言原生支援自動微分 13-6

　　13.2.4 MNIST 數字分類 13-7

⑭ TensorFlow Quantum：混合量子－經典機器學習

14.1 量子計算基本概念 14-2

　　14.1.1 量子位元 14-3

　　14.1.2 量子邏輯門 14-4

　　14.1.3 量子線路 14-5

　　14.1.4 實例：使用 Cirq 建立簡單的量子線路 14-7

14.2 混合量子－經典機器學習 14-8

14.2.1 量子資料集與帶有參數的量子門 14-9

14.2.2 參數化的量子線路 14-10

14.2.3 將參數化的量子線路嵌入機器學習模型 14-11

14.2.4 實例：對量子資料集進行二分類 14-11

第五篇　高級篇

15 圖執行模式下的 TensorFlow 2

15.1 TensorFlow 1+1 15-2

15.1.1 使用計算圖進行基本運算 15-2

15.1.2 計算圖中的預留位置與資料登錄 15-4

15.1.3 計算圖中的變數 15-5

15.2 自動求導機制與最佳化器 15-11

15.2.1 自動求導機制 15-11

15.2.2 最佳化器 15-12

15.2.3* 自動求導機制的計算圖比較 15-14

15.3 基礎範例：線性回歸 15-18

15.3.1 自動求導機制 15-20

15.3.2 最佳化器 15-20

16 tf.GradientTape 詳解

16.1 基本使用 16-1

16.2 監視機制 16-3

16.3 高階求導 16-4

16.4 持久保持記錄與多次求導 16-5

16.5 圖執行模式 16-6

16.6 性能最佳化 16-6

16.7 實例：對神經網路的各層變數獨立求導 16-7

17 **TensorFlow 性能最佳化**

17.1 關於計算性能的許多重要事實 17-1
17.2 模型開發：擁抱張量運算 17-4
17.3 模型訓練：資料前置處理和預先載入 17-5
17.4 模型類型與加速潛力的關係 17-5
17.5 使用針對特定 CPU 指令集最佳化的 TensorFlow 17-6
17.6 性能最佳化策略 17-7

18 **Android 端側 Arbitrary Style Transfer 模型部署**

18.1 Arbitrary Style Transfcr 模型解析 18-2
     18.1.1 輸入輸出 18-2
     18.1.2 bottleneck 陣列 18-3
18.2 Arbitrary Style Transfer 模型部署 18-3
     18.2.1 gradle 設定 18-4
     18.2.2 style predict 模型部署 18-4
     18.2.3 transform 模型部署 18-9
     18.2.4 效果 18-12
18.3 小結 18-14

A **強化學習簡介**

A.1 從動態規劃說起 A-2
A.2 加入隨機性和機率的動態規劃 A-4
A.3 環境資訊無法直接獲得的情況 A-8
A.4 從直接演算法到疊代演算法 A-11
     A.4.1 q 值的漸進性更新 A-13
     A.4.2 探索策略 A-15

A.5　大規模問題的求解 A-16

A.6　小結 A-18

B　使用 Docker 部署 TensorFlow 環境

C　在雲端使用 TensorFlow

C.1　在 Colab 中使用 TensorFlow C-1

C.2　在 GCP 中使用 TensorFlow C-5

　　C.2.1　在 Compute Engine 中建立帶 GPU 的實例並部署 TensorFlow C-5

　　C.2.2　使用 AI Platform 中的筆記本建立帶 GPU 的線上 JupyterLab
　　　　　 環境 C-8

　　C.2.3　在阿里雲上使用 GPU 實例運行 TensorFlow
　　　　　（本小節圖說為簡中介面）................................... C-11

D　部署自己的互動式 Python 開發環境 JupyterLab

E　參考資料與推薦閱讀

F　術語中英對照

TensorFlow 概述

當我們在説「我想要學習一個深度學習框架」「我想學習 TensorFlow」或「我想學習 TensorFlow 2」的時候,我們究竟想要學到什麼?對於不同群眾,可能會有相當不同的預期。

1. 學生和研究者:模型的建立與訓練

如果你是一個初學機器學習或深度學習的學生,可能已經「啃」完了吳恩達(Andrew Ng)的機器學習公開課或史丹佛大學的 UFIDL Tutorial,或是正在學習深度學習課程。你也可能已經了解了連鎖律、梯度下降法和損失函數的概念,並且對卷積神經網路(CNN)、循環神經網路(RNN)和強化學習的理論也有了大致的認識。然而,你依然不知道這些模型如何在電腦中具體實現。這時,你希望能有一個程式庫,幫助你把書本上的公式和演算法運用於實踐。

具體而言,以最常見的有監督學習(supervised learning)為例。假設你已經掌握了一個模型 $\hat{y} = f(x, \theta)$ (x、y 分別為輸入和輸出,θ 為模型參數),確定了一個損失函數 $L(y, \hat{y})$,並獲得了一批資料 X 和相對應的標籤 Y。這時,你會希望有一個程式庫,幫助你實現下列事情。

- 用電腦程式表示向量、矩陣和張量等數學概念,並方便地進行運算。

- 方便地建立模型 $\hat{y} = f(x,\theta)$ 和損失函數 $L(y,\hat{y}) = L(y,f(x,\theta))$。指定輸入 $x_0 \in X$、對應的標籤 $y_0 \in Y$ 和當前疊代輪的參數值 θ_0，能夠方便地計算出模型預測值 $\hat{y}_0 = f(x_0,\theta_0)$，並計算損失函數的值 $L_0 = L(y_0,\hat{y}_0) = L(y_0,f(x_0,\theta_0))$。

- 當指定 x_0、y_0、θ_0 時，自動計算損失函數 L 對模型參數 θ 的偏導數，即 $\cdot \theta'_0 = \frac{\partial L}{\partial \theta}\big|_{x=x_0,y=y_0,\theta=\theta_0}$，而無須人工推導求導結果。這表示，這個程式庫需要支援某種意義上的「符號計算」，能夠記錄運算的全過程，這樣才能根據鏈式法則進行反向求導。

- 根據所求出的偏導數 θ'_0，方便地呼叫一些最佳化方法更新當前疊代輪的模型參數 θ_0，得到下一疊代輪的模型參數 θ_1（比如梯度下降法，$\theta_1 = \theta_0 - \alpha\theta'_0$，其中 α 為學習率）。

更抽象一些說，這個你所希望的程式庫需要做到以下兩點。

- 數學概念和運算的程式化表達。
- 對於任意可導函數 $f(x)$，可以求在引數 $x = x_0$ 時的梯度 $\nabla f\big|_{x=x_0}$（「符號計算」的能力）。

2. 開發者和工程師：模型的呼叫與部署

如果你是一位在 IT 產業沉澱多年的開發者或工程師，也許已經遺忘了部分大學期間學到的數學知識（「多元函數……求偏微分？那是什麼東西？」）。然而，你可能希望在產品中加入一些與人工智慧相關的功能，抑或需要將已有的深度學習模型部署到各種場景中，具體包括下面幾點。

- 如何匯出訓練好的模型？
- 如何在本機使用已有的預訓練模型？
- 如何在伺服器、行動端、嵌入式裝置甚至網頁上高效運行模型？
……

3. TensorFlow 能幫助我們做什麼

TensorFlow 可以為以上的這些需求提供完整的解決方案。具體而言，TensorFlow 包含以下特性。

■ 訓練流程

- 資料的處理：使用 tf.data 和 TFRecord 可以高效率地建置和前置處理資料集，建置訓練資料流程。同時可以使用 TensorFlow Datasets 快速載入常用的公開資料集。

- 模型的建立與偵錯：使用即時執行模式和著名的神經網路高層 API 框架 Keras，結合視覺化工具 TensorBoard，簡易、快速地建立和偵錯模型。也可以透過 TensorFlow Hub 方便地載入已有的成熟模型。

- 模型的訓練：支援在 CPU、GPU、TPU 上訓練模型，支援單機和多機叢集平行訓練模型，充分利用巨量資料和運算資源進行高效訓練。

- 模型的匯出：將模型打包匯出為統一的 SavedModel 格式，方便遷移和部署。

■ 部署流程

- 伺服器部署：使用 TensorFlow Serving 在伺服器上為訓練完成的模型提供高性能、支援併發、高輸送量的 API。

- 行動端和嵌入式裝置部署：使用 TensorFlow Lite 將模型轉為體積小、高效率的輕量化版本，並在行動端、嵌入式端等耗電和運算能力受限的裝置上運行，支援使用 GPU 代理進行硬體加速，還可以配合 Edge TPU 等外接硬體加速運算。

- 網頁端：使用 TensorFlow.js，在網頁端等支持 JavaScript 運行的環境上運行模型，支援使用 WebGL 進行硬體加速。

第一篇

基礎篇

TensorFlow 的安裝與環境設定

TensorFlow 的最新安裝步驟可參考官方網站上的說明。TensorFlow 支持 Python、Java、Go、C 等多種程式語言以及 Windows、macOS、Linux 等多種作業系統,此處及後文均以 Python 3.7 為例進行講解。

> 📥 提示
>
> 本章介紹在個人電腦或伺服器上直接安裝 TensorFlow 2 的方法。關於在容器環境(Docker)、雲端平台中部署 TensorFlow 或在線上環境中使用 TensorFlow 的方法,見附錄 B 和 附錄 C。軟體的安裝方法往往具有時效性,本節的更新日期為 2020 年 5 月。

▌ 1.1 一般安裝步驟

安裝 TensorFlow 的一般步驟如下。

(1) 安裝 Python 環境。此處建議安裝 Anaconda 的 Python 3.7 64 位元版本(後文均以此為準),這是一個開放原始碼的 Python 發行版本,它提供了一個完整的科學計算環境，包括 NumPy、SciPy 等常用科學計算函數庫。當然，你有權選擇自己喜歡的 Python 環境。

(2) 使用 Anaconda 附帶的 conda 套件管理器建立一個 conda 虛擬環境，並進入該虛擬環境。在命令列下輸入：

```
conda create --name tf2 python=3.7    # f2 是你建立的 conda 虛擬環境的名字
conda activate tf2                     # 進入名為 tf2 的虛擬環境
```

(3) 使用 Python 套件管理器 pip 安裝 TensorFlow。在命令列下輸入：

```
pip install tensorflow
```

等待片刻即可安裝完畢。

> **↗ 小技巧**
>
> - 也可以使用 conda install tensorflow 命令或 conda install tensorflow-gpu 命令來安裝 TensorFlow，不過 conda 來源的版本往往更新較慢，難以在第一時間獲得最新的 TensorFlow 版本。
>
> - 從 TensorFlow 2.1 開始，pip 套件 tensorflow 同時包含 GPU 支持，無須透過特定的 pip 套件 tensorflow-gpu 安裝 GPU 版本。如果對 pip 套件的大小敏感，可使用 tensorflow-cpu 套件安裝僅支援 CPU 的 TensorFlow 版本。
>
> - 在 Windows 系統下，需要打開「開始」選單中的 "Anaconda Prompt" 進入 Anaconda 的命令列環境。
>
> - 如果預設的 pip 和 conda 網路連線速度慢，可以嘗試使用映像檔，將會顯著提升 pip 和 conda 的下載速度。具體效果視你所在的網路環境而定。

- 如果對磁碟空間要求嚴格（比如伺服器環境），可以安裝 Miniconda，它是一個 Anaconda 的精簡版本，僅包含 Python 和 conda，其他的套件可自己隨選安裝。

- 如果在 pip 安裝 TensorFlow 時出現了 "Could not find a version that satisfies the requirement tensorflow" 的提示，比較大的可能是你使用了 32 位元（x86）的 Python 環境。請更換為 64 位元的 Python。可以在命令列裡輸入 python 進入 Python 互動介面，透過查看進入介面時的提示訊息來判斷 Python 平台是 32 位元的（如 [MSC v.XXXX 32 bit (Intel)]）還是 64 位元的（如 [MSC v.XXXX 64 bit (AMD64)]）。

接著，我們為大家介紹常見的套件管理器與 conda 虛擬環境。

1. pip 和 conda 套件管理器

pip 是使用最廣泛的 Python 套件管理器，可以幫助我們獲得最新的 Python 套件並進行管理。常用命令如下：

```
pip install [package-name]              # 安裝名為[package-name]的套件
pip install [package-name]==X.X         # 安裝名為[package-name]的套件並指定
版本為 X.X
pip install [package-name] --proxy=代理伺服器 IP:通訊埠編號 # 使用代理伺服器
安裝
pip install [package-name] --upgrade    # 更新名為[package-name]的套件
pip uninstall [package-name]            # 刪除名為[package-name]的套件
pip list                                # 列出當前環境下已安裝的所有套件
```

conda 套件管理器是 Anaconda 附帶的套件管理器，可以幫助我們在 conda 環境下輕鬆地安裝各種套件。相較於 pip，conda 的通用性更強（不僅是 Python 套件，其他套件如 CUDA Toolkit 和 cuDNN 也可以安裝），但 conda 來源的版本更新往往較慢。常用命令如下：

```
conda install [package-name]          # 安裝名為[package-name]的套件
conda install [package-name]=X.X       # 安裝名為[package-name]的套件並指定版本
為 X.X
conda update [package-name]           # 更新名為[package-name]的套件
conda remove [package-name]           # 刪除名為[package-name]的套件
conda list                            # 列出當前環境下已安裝的所有套件
conda search [package-name]           # 列出名為[package-name]的套件在 conda
來源中的所有可用版本
```

想要在 conda 中設定代理，可以在使用者目錄下的 .condarc 檔案中增加以下內容：

```
proxy_servers:
    http: http://代理伺服器 IP:通訊埠編號
```

2. conda 虛擬環境

在 Python 開發中，我們在很多時候希望每個應用有一個獨立的 Python 環境（比如應用 1 需要用到 TensorFlow 1.x，而應用 2 使用 TensorFlow 2）。這時，conda 虛擬環境就可以為每個應用創建一套「隔離」的 Python 運行環境。使用 Python 的套件管理器 conda 即可輕鬆地創建 conda 虛擬環境。常用命令如下：

```
conda create --name [env-name]        # 建立名為[env-name]的 conda 虛擬環境
conda activate [env-name]             # 進入名為[env-name]的 conda 虛擬環境
conda deactivate                      # 退出當前的 conda 虛擬環境
conda env remove --name [env-name]    # 刪除名為[env-name]的 conda 虛擬環境
conda env list                        # 列出所有 conda 虛擬環境
```

1.2 GPU 版本 TensorFlow 安裝指南

GPU 版本的 TensorFlow 可以利用 NVIDIA GPU 強大的加速運算能力，使 TensorFlow 的運行更為高效，尤其是可以成倍提升模型的訓練速度。

在安裝 GPU 版本的 TensorFlow 前，你需要有一片「不太舊」的 NVIDIA 顯示卡，並正確安裝 NVIDIA 顯示卡驅動程式、CUDA Toolkit 和 cuDNN。

1.2.1 GPU 硬體的準備

TensorFlow 對 NVIDIA 顯示卡的支持較為完備。對於 NVIDIA 顯示卡，要求其 CUDA 的算力（compute capability）不低於 3.5。我們可到 NVIDIA 的官方網站查詢自己所用顯示卡的 CUDA 算力。目前，AMD 顯示卡也開始對 TensorFlow 提供支援。

1.2.2 NVIDIA 驅動程式的安裝

下面簡單介紹一下如何在 Windows 和 Linux 作業系統下安裝 NVIDIA 驅動程式。

在 Windows 系統中，如果系統具有 NVIDIA 顯示卡，那麼系統內往往已經自動安裝了 NVIDIA 顯示卡驅動程式。如果未安裝，直接造訪 NVIDIA 官方網站，下載並安裝對應型號的最新標準版驅動程式即可。

在伺服器版 Linux 系統下，同樣需要造訪 NVIDIA 官方網站下載驅動程式（.run 檔案），然後使用 sudo bash DRIVER_FILE_NAME.run 命令安裝驅動，此處 DRIVER_FILE_NAME.run 為下載的驅動程式檔案名稱。在安裝之前，可能需要使用 sudo apt-get install build-essential 命令安裝合適的編譯環境。

在具有圖形介面的桌上出版 Linux 系統上，NVIDIA 顯示卡驅動程式需要一些額外的設定，否則會出現無法登入等各種錯誤。如果需要在 Linux 系統下手動安裝 NVIDIA 驅動，注意要在安裝之前進行以下工作（以 Ubuntu 為例）。

- 禁用系統附帶的開放原始碼顯示卡驅動 Nouveau（在 /etc/modprobe. d/blacklist.conf 檔案中增加一行 blacklist nouveau，使用 sudo update-initramfs -u 更新核心並重新啟動）。
- 禁用主機板的 Secure Boot 功能。
- 停用桌面環境（如 sudo service lightdm stop）。
- 刪除原有 NVIDIA 驅動程式（如 sudo apt-get purge nvidia*）。

> ↗ 小技巧

對於桌上出版 Ubuntu 系統，有一個很簡單的 NVIDIA 驅動安裝方法：在「系統設定」（System Setting）中選擇「軟體與更新」（Software & Updates），然後選擇 "Additional Drivers" 裡面的 "Using NVIDIA binary driver" 選項，並選擇右下角的 "Apply Changes"，這時系統會自動安裝 NVIDIA 驅動，但是透過這種安裝方式安裝的 NVIDIA 驅動往往版本較舊。

NVIDIA 驅動程式安裝完成後，可在命令列下使用 nvidia-smi 命令檢查是否安裝成功，若成功，則會列印當前系統安裝的 NVIDIA 驅動資訊，形式如下：

```
$ nvidia-smi
Mon Jun 10 23:19:54 2019
+-----------------------------------------------------------------------------+
| NVIDIA-SMI 419.35       Driver Version: 419.35       CUDA Version: 10.1      |
|-------------------------------+----------------------+----------------------+
| GPU  Name         TCC/WDDM | Bus-Id       Disp.A | Volatile Uncorr. ECC |
```

```
| Fan  Temp  Perf  Pwr:Usage/Cap|          Memory-Usage | GPU-Util  Compute M. |
|===============================+=======================+======================|
|   0  GeForce GTX 106... WDDM  | 00000000:01:00.0  On  |                 N/A  |
| 27%  51C    P8    13W / 180W  |   1516MiB / 6144MiB   |      0%      Default |
+-------------------------------+-----------------------+----------------------+

+-----------------------------------------------------------------------------+
| Processes:                                                      GPU Memory  |
|  GPU       PID    Type    Process name                          Usage       |
|=============================================================================|
|   0        572    C+G     Insufficient Permissions              N/A         |
+-----------------------------------------------------------------------------+
```

📥 提示

nvidia-smi 命令可以查看機器上現有的 GPU 及使用情況。(在 Windows 系統下,將 C:\Program Files\NVIDIA Corporation\NVSMI 加入 PATH 環境變數即可,或在 Windows 10 下,可使用工作管理員的「性能」標籤查看顯示卡資訊。)

1.2.3 CUDA Toolkit 和 cuDNN 的安裝

在 Anaconda 環境下,推薦使用以下命令安裝 CUDA Toolkit 和 cuDNN:

```
conda install cudatoolkit=X.X
conda install cudnn=X.X.X
```

其中 X.X 和 X.X.X 分別為需要安裝的 CUDA Toolkit 和 cuDNN 的版本編號,必須嚴格按照 TensorFlow 官方網站所說明的版本進行安裝。舉例來說,對於 TensorFlow 2.1,可使用以下命令:

```
conda install cudatoolkit=10.1
conda install cudnn=7.6.5
```

在安裝前，可以使用 conda search cudatoolkit 命令和 conda search cudnn 命令搜索 conda 來源中可用的版本編號。

當然，也可以按照 TensorFlow 官方網站上的說明手動下載 CUDA Toolkit 和 cuDNN 並安裝，不過過程會稍煩瑣。

1.3 第一個程式

TensorFlow 安裝完畢後，我們來編寫一個簡單的程式來進行驗證。

在命令列下輸入 conda activate tf2 進入之前建立的安裝有 TensorFlow 的 conda 虛擬環境，再輸入 python 進入 Python 環境，接著逐行輸入以下程式：

```
import tensorflow as tf

A = tf.constant([[1, 2], [3, 4]])
B = tf.constant([[5, 6], [7, 8]])
C = tf.matmul(A, B)

print(C)
```

如果最終能夠輸出以下程式：

```
tf.Tensor(
[[19 22]
[43 50]], shape=(2, 2), dtype=int32)
```

說明 TensorFlow 已安裝成功。運行途中可能會輸出一些 TensorFlow 的提示訊息，屬於正常現象。

📁 **匯入 TensorFlow 時部分可能出現的錯誤訊息及解決方案**

如果你在 Windows 下安裝了 TensorFlow 2.1 正式版,可能會在匯入 TensorFlow 時出現 DLL 載入錯誤。此時安裝 Microsoft Visual C++ Redistributable for Visual Studio 2015, 2017 and 2019 即可正常使用。

如果你的 CPU 年代比較久遠或型號較為低端(舉例來説,英特爾的 Atom 系列處理器),可能會在匯入 TensorFlow 時直接崩潰。這是由於 TensorFlow 在版本 1.6 及之後,在官方編譯版本中預設加入了 AVX 指令集。如果你的 CPU 不支援 AVX 指令集就會顯示出錯(你可以在 Windows 下使用 CPU-Z,或在 Linux 下使用 cat /proc/cpuinfo 查看當前 CPU 的指令集支援)。此時,建議結合自己的軟硬體環境,使用社區編譯版本進行安裝,例如 GitHub 上的 yaroslavvb/tensorflow-community-wheels。截至 2020 年 6 月,這個 Issue[1] 裡包含了去除 AVX 後在 Ubuntu 下編譯的最新版 TensorFlow。如果你的動手能力較強,也可以考慮在自己的平台下重新編譯 TensorFlow。關於 CPU 指令集的更多內容可參考 17.5 節。

此處使用的是 Python 語言。關於 Python 語言的入門教學,可以參考《Python 程式設計:從入門到實踐》、runoob 網站的 Python 3 教學或廖雪峰的 Python 教學,本書之後將預設讀者擁有 Python 語言的基礎。不用緊張,Python 語言易於上手,而 TensorFlow 本身也不會用到太多 Python 語言的進階特性。

1　指 GitHub 上的 yaroslavvb/tensorflow-community-wheels 的網址。

▌ 1.4 IDE 設定

對於機器學習的研究者和從業者，建議使用 PyCharm 作為 Python 開發的 IDE。

在新建專案時，你需要選定專案的 Python 解譯器（Python Interpreter），也就是用怎樣的 Python 環境來運行你的專案。在安裝部分，你所建立的每個 conda 虛擬環境其實都有一個獨立的 Python 解譯器，你只需要增加它們即可。選擇 Add，並在下一級視窗中選擇 "Existing Environment"，在 Interpreter 處選擇「Anaconda 安裝目錄」→「envs」→「要增加的 conda 環境名字」→「python.exe」（Linux 系統下無 .exe 尾碼）並點擊 "OK" 按鈕。如果選中了 "Make available to all projects"，那麼在所有專案中都可以選擇該 Python 解譯器。注意，在 Windows 系統下，Anaconda 的預設安裝目錄比較特殊，一般為 C:\Users\ 用戶名 \Anaconda3\ 或 C:\Users\ 用戶名 \AppData\Local\Continuum\anaconda3。此處的 AppData 是隱藏資料夾。

對於 TensorFlow 開發而言，PyCharm 專業版（Pycharm Professional）的非常有用特性是遠端偵錯（remote debug）。當你編寫程式時使用的終端機性能有限，但又有一台可使用 ssh 遠端存取的高性能電腦（一般具有高性能的 GPU）時，遠端偵錯功能可以讓你在終端機上編寫程式的同時，在遠端電腦上偵錯和運行程式（尤其是訓練模型）。你在終端機上對程式和資料的修改可以自動同步到遠端電腦上，在實際使用的過程中如同在遠端電腦上編寫程式一般，這與遊戲串流有異曲同工之處。不過遠端偵錯對網路的穩定性要求較高，如果需要長時間訓練模型，建議直接登入遠端電腦的終端（在 Linux 系統下，可以結合 nohup 命令，讓處理程序在後端運行，不受終端退出的影響）。關於遠端偵錯功能的貝體設定步驟，請查閱 PyCharm 文件。

> **➤ 小技巧**
>
> 如果你是學生並擁有以 ".edu" 結尾的電子郵件，那麼可以申請 PyCharm 的免費專業版。

對於 TensorFlow 及深度學習的業餘同好或初學者，Visual Studio Code 或一些線上的互動式 Python 環境也是不錯的選擇。Colab 的使用方式可參考附錄 C。

> **💣 警告**
>
> 如果你使用的是舊版本的 PyCharm，可能會在安裝 TensorFlow 2 後出現部分程式自動補全功能喪失的問題。此時升級到新版的 PyCharm（2019.3 及以後版本）即可解決這一問題。

▋ 1.5* TensorFlow 所需的硬體規格

> **📥 提示**
>
> 對於學習而言，TensorFlow 的硬體門檻並不高。只要你有一台能上網的電腦，借助免費的 Colab 或靈活的 GCP，就能夠熟練掌握 TensorFlow！

在很多人的刻板印象中，學習 TensorFlow 乃至深度學習是一件非常「吃硬體」的事情，以至於一接觸 TensorFlow，第一件事情可能就是思考如何升級自己的電腦硬體。其實，TensorFlow 所需的硬體規格很大程度上是根據任務和使用環境而定的。

- 對 TensorFlow 初學者來說,無須硬體升級也可以極佳地學習和掌握 TensorFlow。對於本書中的大部分教學範例,當前主流的個人電腦 (即使沒有 GPU)均可勝任,無須添置其他硬體裝置。對於本書中的 小部分計算量較大的範例(例如在貓狗分類資料集上訓練卷積神經網 路,詳見 4.3 節),一片主流的 NVIDIA GPU 會大幅提高訓練速度。如 果自己的個人電腦難以勝任,可以考慮在雲端(例如免費的 Colab) 進行模型訓練。

- 對參加資料科學競賽(比如 Kaggle)或經常在本機進行訓練的個人同 好或開發者來說,一片高性能的 NVIDIA GPU 往往是必要的。顯示卡 的 CUDA 核心數和顯示卡記憶體大小是決定機器學習性能的兩個關鍵 參數,前者可以決定訓練速度,後者可以決定能夠訓練多大的模型以 及訓練時的最大量大小(batch size),對於較大規模的訓練而言尤其敏 感。

- 對於前端的機器學習研究,尤其是電腦視覺和自然語言處理領域而 言,多 GPU 平行訓練是標準設定。為了透過快速疊代實驗結果以及訓 練更大規模的模型以提升性能,4 卡、8 卡或更高的 GPU 數量是常態。

下面列出我在不同情況下使用的一些硬體規格,供大家參考。

- 在我編寫本書的範例程式時,除了第 9 章和附錄 C,其他部分均使用 一台普通桌上型電腦(Intel i5 處理器,16 GB DDR3 記憶體,未使用 GPU)進行本地開發測試,部分計算量較大的模型使用了一片從網上 購買的 NVIDIA P106-90(單卡 3 GB 顯示卡記憶體)礦卡進行訓練。

- 我在研究工作中,長年使用一片 NVIDIA GTX 1060 顯示卡(單卡 6 GB 顯示卡記憶體)在本地環境下進行模型的基礎開發和偵錯。

■ 我所在的實驗室使用一台 4 片 NVIDIA GTX 1080 Ti 顯示卡（單卡 11 GB 顯示卡記憶體）平行的工作站和一台 10 片 NVIDIA GTX 1080 Ti 顯示卡（單卡 11 GB 顯示卡記憶體）平行的伺服器進行前端電腦視覺模型的訓練。

■ 我合作過的公司使用 8 片 NVIDIA Tesla V100 顯示卡（單卡 32 GB 顯示卡記憶體）平行的伺服器進行前端自然語言處理（如大規模機器翻譯）模型的訓練。

儘管科學研究機構或公司使用的計算硬體規格堪稱豪華，不過與其他前端科學研究領域（例如生物）動輒幾十萬、上百萬的儀器費用相比，依然不算太貴，畢竟一台六七萬元至二三十萬元的主流深度學習伺服器就可以供數位研究者使用很長時間。因此，機器學習的研究成本相對而言還是十分「平易近人」的。

由於硬體行情更新較快，不在此列出有關深度學習工作站的具體設定。讀者可以關注「知乎問題」——《如何設定一台適用於深度學習的工作站？》，並結合最新市場情況進行設定。

TensorFlow 基礎

本章介紹 TensorFlow 的基本操作。

前置知識

- Python 基本操作
  - 設定陳述式、分支敘述及迴圈敘述
  - 使用 import 匯入函數庫
- Python 的 with 敘述
- NumPy（Python 下常用的科學計算函數庫，TensorFlow 與之結合緊密）
- 向量和矩陣的基本運算
  - 矩陣的加減法
  - 矩陣與向量相乘
  - 矩陣與矩陣相乘
  - 矩陣的轉置
- 函數的導數與多元函數求導
- 線性回歸
- 梯度下降法求函數的局部最小值

▍2.1 TensorFlow 1+1

我們可以先簡單地將 TensorFlow 視為一個科學計算函數庫（類似 Python 下的 NumPy）。

首先匯入 TensorFlow：

```
import tensorflow as tf
```

> 💣 **警告**
>
> 本書基於 TensorFlow 的即時執行模式。在 TensorFlow 1.x 版本中，必須在匯入 TensorFlow 函數庫後呼叫 tf.enable_eager_execution() 函數才能啟用即時執行模式。在 TensorFlow 2 版本中，預設為即時執行模式，無須額外呼叫 tf.enable_eager_execution() 函數（呼叫 tf.compat.v1.disable_eager_execution() 函數可以關閉即時執行）。

TensorFlow 使用張量（tensor）作為資料的基本單位。TensorFlow 的張量在概念上等於多維陣列，我們可以使用它來描述數學中的純量（零維陣列）、向量（一維陣列）、矩陣（二維陣列）等，範例如下：

```
# 定義一個隨機數（純量）
random_float = tf.random.uniform(shape=())

# 定義一個有 2 個元素的零向量
zero_vector = tf.zeros(shape=(2))

# 定義兩個 2×2 的常數矩陣
A = tf.constant([[1., 2.], [3., 4.]])
B = tf.constant([[5., 6.], [7., 8.]])
```

張量的重要屬性是形狀、類型和值，它們分別可以透過張量的 shape、dtype 屬性和 numpy() 方法獲得。例如：

```
# 查看矩陣 A 的形狀、類型和值
print(A.shape)      # 輸出(2, 2)，即矩陣的長和寬均為 2
print(A.dtype)      # 輸出<dtype: 'float32'>
print(A.numpy())    # 輸出[[1. 2.]
                    #      [3. 4.]]
```

↗ 小技巧

TensorFlow 的大多數 API 函數會根據輸入的值自動推斷張量中元素的類型（一般預設為 tf.float32）。你也可以透過加入 dtype 參數來自行指定類型，例如 zero_vector = tf.zeros(shape=(2), dtype=tf.int32) 將使得張量中的元素類型均為整數。張量的 numpy() 方法是將張量的值轉為一個 NumPy 陣列。

TensorFlow 中有大量的操作（operation），使得我們可以透過已有的張量運算得到新的張量。範例如下：

```
C = tf.add(A, B)     # 計算矩陣 A 和 B 的和
D = tf.matmul(A, B)  # 計算矩陣 A 和 B 的乘積
```

操作完成後，C 和 D 的值分別為：

```
tf.Tensor(
[[ 6.  8.]
 [10. 12.]], shape=(2, 2), dtype=float32)
tf.Tensor(
[[19. 22.]
 [43. 50.]], shape=(2, 2), dtype=float32)
```

由此可見，我們成功使用 tf.add() 操作計算出 $\begin{bmatrix} 1 & 2 \\ 3 & 4 \end{bmatrix} + \begin{bmatrix} 5 & 6 \\ 7 & 8 \end{bmatrix} = \begin{bmatrix} 6 & 8 \\ 10 & 12 \end{bmatrix}$，使用 tf.matmul() 操作計算出 $\begin{bmatrix} 1 & 2 \\ 3 & 4 \end{bmatrix} \times \begin{bmatrix} 5 & 6 \\ 7 & 8 \end{bmatrix} = \begin{bmatrix} 19 & 22 \\ 43 & 50 \end{bmatrix}$。

▍2.2 自動求導機制

在機器學習中，我們經常需要計算函數的導數。TensorFlow 提供了強大的自動求導機制來計算導數。以下程式展示了如何使用 tf.GradientTape() 方法計算函數 $y(x) = x^2$ 在 $x = 3$ 時的導數：

```
import tensorflow as tf

x = tf.Variable(initial_value=3.)
with tf.GradientTape() as tape:      # 在 tf.GradientTape() 的上下文內，所有
計算步驟都會被記錄以用於求導
    y = tf.square(x)
y_grad = tape.gradient(y, x)         # 計算 y 關於 x 的導數
print([y, y_grad])
```

輸出如下：

```
[array([9.], dtype=float32), array([6.], dtype=float32)]
```

這裡的 x 是一個變數（variable），使用 tf.Variable() 宣告。與普通張量一樣，該變數同樣具有形狀、類型和值這 3 種屬性。使用變數需要有一個初始化過程，可以透過在 tf.Variable() 中指定 initial_value 參數來設定初值。這裡將變數 x 初始化為 3.[1]。變數與普通張量的重要區別是，它預設

---

1 Python 中可以使用整數後加小數點來將該整數定義為浮點數類型。例如 3. 代表浮點數 3.0。

能夠被 TensorFlow 的自動求導機制求導,因此經常用於定義機器學習模型的參數。

tf.GradientTape() 是一個自動求導的記錄器,其中的變數和計算步驟都會被自動記錄。在上面的範例中,變數 x 和計算步驟 y = tf.square(x) 被自動記錄,因此可以透過 y_grad = tape.gradient(y, x) 求張量 y 對變數 x 的導數。

在機器學習中,更加常見的是對多元函數求偏導數,以及對向量或矩陣求導。這些對於 TensorFlow 也不在話下,以下程式展示了如何使用 tf.GradientTape() 計算函數 $L(w,b) = \|Xw + b - y\|^2$ 在 $w = (1,2)^\mathrm{T}, b = 1$ 時分別對 w, b 的偏導數,其中 $X = \begin{bmatrix} 1 & 2 \\ 3 & 4 \end{bmatrix}$,$y = \begin{bmatrix} 1 \\ 2 \end{bmatrix}$:

```
X = tf.constant([[1., 2.], [3., 4.]])
y = tf.constant([[1.], [2.]])
w = tf.Variable(initial_value=[[1.], [2.]])
b = tf.Variable(initial_value=1.)
with tf.GradientTape() as tape:
    L = tf.reduce_sum(tf.square(tf.matmul(X, w) + b - y))
w_grad, b_grad = tape.gradient(L, [w, b])    # 計算 L(w, b)關於 w, b 的偏導數
print(L, w_grad, b_grad)
```

輸出結果如下:

```
tf.Tensor(125.0, shape=(), dtype=float32)
tf.Tensor(
[[ 70.]
[100.]], shape=(2, 1), dtype=float32)
tf.Tensor(30.0, shape=(), dtype=float32)
```

tf.square() 用於對輸入張量的每一個元素求平方,不改變張量的形狀。

---

tf.reduce_sum() 用於對輸入張量的所有元素求和[2]。TensorFlow 中有大量的張量操作 API，包括數學運算、張量形狀操作（如 tf.reshape()）、切片和連接（如 tf.concat()）等多種類型，可以透過查閱 TensorFlow 的官方 API 文件進一步了解。

從輸出可見，TensorFlow 幫助我們計算出了：

$$L((1,2)^T,1)=125$$

$$\left.\frac{\partial L(w,b)}{\partial w}\right|_{w=(1,2)^T,b=1}=\begin{bmatrix}70\\100\end{bmatrix}$$

$$\left.\frac{\partial L(w,b)}{\partial b}\right|_{w=(1,2)^T,b=1}=30$$

2.3 基礎範例：線性回歸

下面考慮一個實際問題。某城市 2013 ～ 2017 年的房價如表 2-1 所示，現在我們希望透過對該資料進行線性回歸分析，即使用線性模型 $y=ax+b$ 來擬合上述資料，此處 a 和 b 是待求的參數。

表 2-1　某城市 2013 ～ 2017 年的房價

年份（單位：年）	2013	2014	2015	2016	2017
房價（單位：元／平方公尺）	12,000	14,000	15,000	16,500	17,500

2　該運算子預設輸出一個形狀為空的張量，即數學裡的純量。可以透過 axis 參數來指定求和的維度，不指定則預設對所有元素求和。

首先定義資料，進行基本的歸一化操作：

```
import numpy as np

X_raw = np.array([2013, 2014, 2015, 2016, 2017], dtype=np.float32)
y_raw = np.array([12000, 14000, 15000, 16500, 17500], dtype=np.float32)


X = (X_raw - X_raw.min()) / (X_raw.max() - X_raw.min())
y = (y_raw - y_raw.min()) / (y_raw.max() - y_raw.min())
```

接下來，我們使用梯度下降法來求線性模型中參數 a 和參數 b 的值[3]。

回顧機器學習的基礎知識。對於多元函數 $f(x)$，求局部極小值。使用梯度下降法的過程如下。

(1) 初始化引數為 x_0，計數器 k 為 0。

(2) 疊代執行下列步驟直到滿足收斂條件。

　① 求函數 $f(x)$ 關於引數的梯度 $\nabla f(x_k)$。

　② 更新引數：$x_{k+1} = x_k - \gamma \nabla f(x_k)$。這裡 γ 是學習率（也就是梯度下降一次邁出的「步子」大小）。

　③ 將計數器 k 的值遞增 1。

接下來，考慮如何使用程式來實現梯度下降法求得線性回歸的解：

$$\min_{a,b} L(a,b) = \sum_{i=1}^{N}(ax_i + b - y_i)^2$$

3　其實線性回歸是有解析解的。這裡使用梯度下降法只是為了展示 TensorFlow 的運作方式。

2.3.1 NumPy 下的線性回歸

機器學習模型的實現並不是 TensorFlow 的專利。事實上，對於簡單的模型，使用正常的科學計算函數庫或工具就可以求解。在這裡，我們使用 NumPy 這一通用的科學計算函數庫來實現梯度下降法。NumPy 提供了對多維陣列的支援，可以表示向量、矩陣以及更高維的張量。同時，它提供了大量支援在多維陣列上操作的函數（比如用於求內積的 np.dot() 方法，用於求和的 np.sum() 方法）。在這方面，NumPy 和 MATLAB 比較類似。在以下程式中，我們手工求損失函數關於參數 a 和參數 b 的偏導數[4]，並使用梯度下降法反覆疊代，最終獲得 a 和 b 的值：

```python
a, b = 0, 0

num_epoch = 10000
learning_rate = 1e-3
for e in range(num_epoch):
    # 手動計算損失函數關於引數（模型參數）的梯度
    y_pred = a * X + b
    grad_a, grad_b = 2 * (y_pred - y).dot(X), 2 * (y_pred - y).sum()

    # 更新參數
    a, b = a - learning_rate * grad_a, b - learning_rate * grad_b

print(a, b)
```

4　此處的損失函數為均方誤差 $L(x) = \sum_{i=1}^{N}(ax_i + b - y_i)^2$，它關於參數 a 和 b 的偏導數為 $\frac{\partial L}{\partial a} = 2\sum_{i=1}^{N}(ax_i + b - y_i)x_i$，$\frac{\partial L}{\partial b} = 2\sum_{i=1}^{N}(ax_i + b - y_i)$。本例中 $N = 5$。由於均方誤差取平均值的係數 $\frac{1}{N}$ 在訓練過程中一般為常數（N 一般為批次大小），對損失函數乘以常數相等於調整學習率，因此在具體實現時通常不寫在損失函數中。

或許你已經注意到，使用正常的科學計算函數庫實現機器學習模型有兩
個痛點。

■ 經常需要手工求函數關於參數的偏導數。如果是簡單的函數或許還
　好，但一旦函數的形式變得複雜（尤其是深度學習模型），手工求導的
　過程將變得非常複雜，甚至不可行。

■ 經常需要手工根據求導結果更新參數。這裡使用了最基礎的梯度下降
　法，因此參數的更新較為容易。但如果使用更加複雜的參數更新方法
　（如 Adam、AdaGrad），這個更新過程的編寫同樣會非常複雜。

而 TensorFlow 等深度學習框架的出現很大程度上解決了這些痛點，為機
器學習模型的實現帶來了很大的便利。

2.3.2 TensorFlow 下的線性回歸

TensorFlow 的即時執行模式與上述 NumPy 的運行方式十分類似，但它提
供了硬體加速運算（GPU 支援）、自動求導、最佳化器等一系列對深度
學習非常重要的功能。下面將展示如何使用 TensorFlow 計算線性回歸。
可以注意到，程式的結構和前述實現 NumPy 時的結構非常類似。這裡
TensorFlow 幫助我們做了兩件重要的工作。

(1) 使用 tape.gradient(ys, xs) 自動計算梯度。
(2) 使用 optimizer.apply_gradients(grads_and_vars) 自動更新模型參數。具
　　體的程式如下：

```
X = tf.constant(X)
y = tf.constant(y)


a = tf.Variable(initial_value=0.)
b = tf.Variable(initial_value=0.)
```

```
variables = [a, b]

num_epoch = 10000
optimizer = tf.keras.optimizers.SGD(learning_rate=1e-3)
for e in range(num_epoch):
    # 使用 tf.GradientTape() 記錄損失函數的梯度資訊
    with tf.GradientTape() as tape:
        y_pred = a * X + b
        loss = tf.reduce_sum(tf.square(y_pred - y))
    # TensorFlow 自動計算損失函數關於引數（模型參數）的梯度
    grads = tape.gradient(loss, variables)
    # TensorFlow 自動根據梯度更新參數
    optimizer.apply_gradients(grads_and_vars=zip(grads, variables))

print(a, b)
```

在這裡，我們使用了前文的方式計算損失函數關於參數的偏導數。同時，使用 tf.keras.optimizers.SGD(learning_rate=1e-3) 宣告了一個梯度下降最佳化器（optimizer），其學習率為 1e-3。最佳化器可以幫助我們根據計算出的求導結果更新模型參數，從而最小化某個特定的損失函數，具體使用方式是呼叫其 apply_gradients() 方法。

注意，更新模型參數的方法 optimizer.apply_gradients() 中需要提供參數 grads_and_vars，即待更新的變數（如上述程式中的 variables）和損失函數關於這些變數的偏導數（如上述程式中的 grads）。具體而言，這裡需要傳入一個 Python 清單（list），清單中的每個元素是一個 (變數的偏導數, 變數) 對，比如這裡是 [(grad_a, a), (grad_b, b)]。我們透過 grads = tape.gradient(loss, variables) 求出 tape 中記錄的 loss 關於 variables = [a, b] 中每個變數的偏導數，也就是 grads = [grad_a, grad_b]，再使用 Python 的

zip() 函數將 grads = [grad_a, grad_b] 和 variables = [a, b] 拼裝在一起,就可以組合出所需的參數了。

📁 **Python 中的 zip() 函數**

zip() 函數是 Python 中的內建函數,如圖 2-1 所示。用語言描述這個函數的功能很繞口,但如果舉個例子,就很容易瞭解了:如果 a = [1, 3, 5],b = [2, 4, 6],那麼 zip(a, b) = [(1, 2), (3, 4), (5, 6)]。換句話說,將可疊代的物件作為參數,將物件中對應的元素打包成一個個元組,然後返回由這些元組成的列表。在 Python 3 中,zip() 函數返回的是一個 zip 物件,它本質上是一個生成器,需要呼叫 list() 來將生成器轉換成列表。

```
a          b               z          zip (a,  b, ..., z)

a1         b1              z1         (a1,  b1, ..., z1)
a2         b2              z2         (a2,  b2, ..., z2)
a3         b3      ...     z3         (a3,  b3, ..., z3)
...        ...             ...                 ...
an         bn              zn         (an,  bn, ..., zn)
```

圖 2-1　Python 中的 zip() 函數

在實際應用中,我們編寫的模型往往比這裡一行就能寫完的線性模型 y_pred = a * X + b(模型參數為 variables = [a, b])要複雜得多。所以,我們經常會編寫並實例化一個模型類別 model = Model(),然後使用 y_pred = model(X) 呼叫該模型,使用 model.variables 獲取模型參數。關於模型類別的編寫方式,可見第 3 章。

TensorFlow 模型建立與訓練

本章介紹如何使用 TensorFlow 快速架設動態模型。

前置知識

- Python 物件導向程式設計
  - 在 Python 內定義類別和方法，類別的繼承，建構函數和解構函數。
  - 使用 super() 函數呼叫父類別方法
  - 使用 __call__() 方法對實例進行呼叫
- 多層感知器、卷積神經網路、循環神經網路和強化學習。
- Python 的函數裝飾器（非必須）

3.1 模型與層

在 TensorFlow 中，推薦使用 Keras（tf.keras）建置模型。它是一個廣為流行的進階神經網路 API，簡單、快速而不失靈活性，已內建在 TensorFlow 中。

Keras 有兩個重要的概念：模型（model）和層（layer）。層將各種計算流程和變數進行了封裝（例如基本的全連接層、卷積神經網路的卷積層和池

化層等），而模型則將各種層進行組織和連接，並封裝成一個整體，描述
了如何將輸入的資料透過各種層以及運算得到輸出。在需要模型呼叫的
時候，使用 y_pred = model(X) 即可。Keras 在 tf.keras.layers 下內建了大
量深度學習中常用的預先定義層，同時也允許我們自訂層。

Keras 模型以類別的形式呈現，我們可以透過繼承 tf.keras.Model 這個
Python 類別來定義自己的模型，如圖 3-1 左部分「模型類別定義」所示。

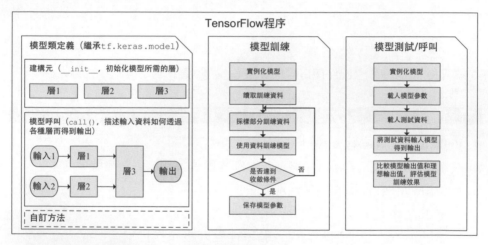

圖 3-1　一個典型的 TensorFlow 程式結構

在繼承類別中，我們需要重新定義 __init__()（建構函數，初始化）和
call(input)（模型呼叫）兩個方法，同時也可以根據需要增加自訂的方
法，程式範例如下：

```
class MyModel(tf.keras.Model):
    def __init__(self):
        super().__init__() # Python 2 下使用 super(MyModel, self).__init__()
        # 此處增加初始化程式（包含 call() 方法中會用到的層），例如
        # layer1 = tf.keras.layers.BuiltInLayer(...)
        # layer2 = MyCustomLayer(...)
```

```
def call(self, input):
    # 此處增加模型呼叫的程式（處理輸入並返回輸出），例如
    # x = layer1(input)
    # output = layer2(x)
    return output

# 還可以增加自訂的方法
```

繼承 tf.keras.Model 類別後，我們就可以使用父類別的許多方法和屬性，例如在實例化類別 model = Model() 後，可以透過 model.variablcs 這一屬性直接獲得模型的所有變數，免去我們一個一個顯性指定變數的麻煩。

對於上一章中簡單的線性模型 y_pred = a * X + b，我們可以透過模型類別的方式實現，具體程式如下：

```
import tensorflow as tf

X = tf.constant([[1.0, 2.0, 3.0], [4.0, 5.0, 6.0]])
y = tf.constant([[10.0], [20.0]])

class Linear(tf.keras.Model):
    def __init__(self):
        super().__init__()
        self.dense = tf.keras.layers.Dense(
            units=1,
            activation=None,
            kernel_initializer=tf.zeros_initializer(),
            bias_initializer=tf.zeros_initializer()
        )

    def call(self, input):
        output = self.dense(input)
```

```
        return output

# 以下程式結構與 2.3.2 節類似
model = Linear()
optimizer = tf.keras.optimizers.SGD(learning_rate=0.01)
for i in range(100):
    with tf.GradientTape() as tape:
        y_pred = model(X)          # 呼叫模型 y_pred = model(X) 而非顯性寫出
y_pred = a * X + b
        loss = tf.reduce_mean(tf.square(y_pred - y))
    grads = tape.gradient(loss, model.variables)    # 使用 model.variables
這一屬性直接獲得模型中的所有變數
    optimizer.apply_gradients(grads_and_vars=zip(grads, model.variables))
print(model.variables)
```

這裡，我們沒有顯性地宣告 a 和 b 兩個變數並寫出 y_pred = a * X + b 這一線性變換，而是建立了一個繼承了 tf.keras.Model 的模型類別 Linear。該類別在初始化部分實例化了一個全連接層（tf.keras.layers.Dense），並在 call() 方法中對這個層進行呼叫，實現了線性變換的計算。如果需要顯性地宣告自己的變數並使用變數進行自訂運算，或希望了解 Keras 層的內部原理，請參考 3.7 節。

📂 **Keras 的全連接層：線性變換 + 啟動函數**

全連接層（tf.keras.layers.Dense）是 Keras 中最基礎和常用的層之一，能夠對輸入矩陣 A 進行 $f(AW+b)$ 的「線性變換 + 啟動函數」操作。如果不指定啟動函數，就是純粹的線性變換 $AW+b$。具體而言，指定輸入張量 input = [batch_size, input_dim]，該層對輸入張量首先進行 tf.matmul(input, kernel) + bias 的線性變換（kernel 和 bias 是層中可訓練的變數），然後將線性變換後張量的每個元素透過啟動函數 activation 進行計算，從而輸出形狀為 [batch_size, units] 的二維張量，如圖 3-2 所示。

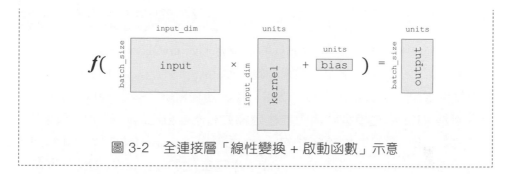

圖 3-2　全連接層「線性變換 + 啟動函數」示意

tf.keras.layers.Dense 包含的主要參數如下。

- units：輸出張量的維度。
- activation：啟動函數，對應 $f(AW+b)$ 中的 f，預設為無啟動函數 (a(x) = x)。常用的啟動函數有 tf.nn.relu、tf.nn.tanh 和 tf.nn.sigmoid。
- use_bias：是否加入偏置向量 bias，即 $f(AW+b)$ 中的 b。預設為 True。
- kernel_initializer、bias_initializer：權重矩陣 kernel 和偏置向量 bias 兩個變數的初始化器。預設為 tf.glorot_uniform_initializer[1]。設定為 tf.zeros_initializer 表示將兩個變數均初始化為全 0。

全連接層包含權重矩陣 kernel = [input_dim, units] 和偏置向量 bias = [units][2] 兩個可訓練變數，對應 $f(AW+b)$ 中的 W 和 b。

以上內容著重從數學矩陣運算和線性變換的角度描述了全連接層。基於神經元建模的描述可參考 3.2 節尾端的介紹。

1　Keras 中的很多層都預設使用 tf.glorot_uniform_initializer 初始化變數。
2　你可能會注意到，tf.matmul(input, kernel) 的結果是一個形狀為 [batch_size, units] 的二維矩陣，這個二維矩陣要如何與形狀為 [units] 的一維偏置向量 bias 相加呢？事實上，這裡是 TensorFlow 的 Broadcasting 機制在起作用，該加法運算相當於給二維矩陣的每一行加上 bias。

📁 **為什麼模型類別多載 call() 方法而非 __call__() 方法？**

在 Python 中，對類別的實例 myClass 進行形如 myClass() 的呼叫相等於 myClass.__call__()。那麼看起來，為了使用 y_pred = model(X) 的形式呼叫模型類別，應該重新定義 __call__() 方法才對呀？多載 call() 方法的原因是，Keras 在模型呼叫的前後還需要有一些自己的內部操作，所以「曝露」出一個專門用於多載的 call() 方法。tf.keras.Model 這一父類別已經包含 __call__() 的定義，__call__() 中主要呼叫了 call() 方法，同時還需要進行一些 Keras 的內部操作。這裡，我們透過繼承 tf.keras.Model 並多載 call() 的方法，即可在保持 Keras 結構的同時加入模型呼叫的程式。

3.2　基礎範例：多層感知器 [3]

本節中，我們從編寫一個最簡單的多層感知器（multilayer perceptron，MLP），或說「多層全連接神經網路」開始，介紹 TensorFlow 模型（如圖 3-1 所示）的編寫方式。在這一部分，我們將依次進行以下步驟。

(1) 使用 tf.keras.datasets 獲得資料集並前置處理。
(2) 使用 tf.keras.Model 和 tf.keras.layers 建置模型。
(3) 建置模型訓練流程，使用 tf.keras.losses 計算損失函數，並使用 tf.keras.optimizer 最佳化模型。
(4) 建置模型評估流程，使用 tf.keras.metrics 計算評估指標。

---

[3] 有關多層感知器的基礎知識可以參考 UFLDL 教學的 Multi-Layer Neural Network 一節，以及史丹佛課程 CS231n: Convolutional Neural Networks for Visual Recognition 中的 Neural Networks Part 1 ～ Part 3。

這裡，我們使用多層感知器完成 MNIST 手寫體數字圖片資料集 LeCun1998 的分類任務，如圖 3-3 所示。

圖 3-3　MNIST 手寫體數字圖片範例

3.2.1 資料獲取及前置處理：tf.keras.datasets

先進行預備工作，實現一個簡單的 MNISTLoader 類別來讀取 MNIST 資料集資料。這裡使用了 tf.keras.datasets 快速載入 MNIST 資料集：

```
class MNISTLoader():
    def __init__(self):
        mnist = tf.keras.datasets.mnist
        (self.train_data, self.train_label), (self.test_data, self.test_label)
= mnist.load_data()
        # MNIST 中的圖型預設為 uint8（0~255 的數字）。以下程式將其歸一化為
0~1 的浮點數，並在最後增加一維作為顏色通道
        # [60000, 28, 28, 1]
        self.train_data = np.expand_dims(self.train_data.astype(np.float32)
/ 255.0, axis=-1)
        # [10000, 28, 28, 1]
        self.test_data = np.expand_dims(self.test_data.astype(np.float32) /
255.0, axis=-1)
        self.train_label = self.train_label.astype(np.int32)    # [60000]
        self.test_label = self.test_label.astype(np.int32)       # [10000]
        self.num_train_data, self.num_test_data = self.train_data.shape[0],
self.test_data.shape[0]
```

```
def get_batch(self, batch_size):
    # 從資料集中隨機取出 batch_size 個元素並返回
    index = np.random.randint(0, np.shape(self.train_data)[0], batch_size)
    return self.train_data[index, :], self.train_label[index]
```

📥 提示

mnist = tf.keras.datasets.mnist 將從網路上自動下載 MNIST 資料集並載入。如果執行時期出現網路連接錯誤，可以從網上下載 MNIST 資料集（mnist.npz 檔案），並將其放置於使用者的 .keras/dataset 目錄下（Windows 系統下的使用者目錄為 C:\Users\ 用戶名，Linux 系統下的使用者目錄為 /home/ 用戶名）。

📂 TensorFlow 的圖像資料表示

在 TensorFlow 中，圖像資料集的一種典型表示是形如 [圖型數目, 長, 寬, 色彩通道數] 的四維張量。在上面的 DataLoader 類別中，self.train_data 和 self.test_data 分別載入了 60 000 張和 10 000 張大小為 28×28 的手寫體數字圖片。由於這裡讀取的是灰階圖片，色彩通道數為 1（彩色 RGB 圖型的色彩通道數為 3），所以我們使用 np.expand_dims() 函數手動地為圖像資料在最後增加一維通道。

3.2.2 模型的建置：tf.keras.Model 和 tf.keras.layers

多層感知器中模型類別的實現與 3.1 節中的線性模型類別類似，均使用 tf.keras.Model 和 tf.keras.layers 建置，不同的地方在於增加了層數（顧名思義，「多層」感知器），以及引入了非線性啟動函數（舉例來說，這裡使用了 ReLU 函數，即下方的 activation=tf.nn.relu）。在下方的多層感知器範例模型中，輸入為許多張圖片，輸出則是為每張圖片輸出一個十維向量，其中每一維分別代表這張圖片屬於 0 到 9 的機率（舉例來説，第二維為 0.7，代表該數字為 2 的機率為 0.7）。實現該模型的程式如下：

```
class MLP(tf.keras.Model):
    def __init__(self):
        super().__init__()
        self.flatten = tf.keras.layers.Flatten()    # Flatten 層將除第一維
(batch_size)
                                                    # 以外的維度「展平」
        self.dense1 = tf.keras.layers.Dense(units=100, activation=tf.nn.relu)
        self.dense2 = tf.keras.layers.Dense(units=10)

    def call(self, inputs):              # [batch_size, 28, 28, 1]
        x = self.flatten(inputs)         # [batch_size, 784]
        x = self.dense1(x)               # [batch_size, 100]
        x = self.dense2(x)               # [batch_size, 10]
        output = tf.nn.softmax(x)
        return output
```

該模型的示意圖如圖 3-4 所示。

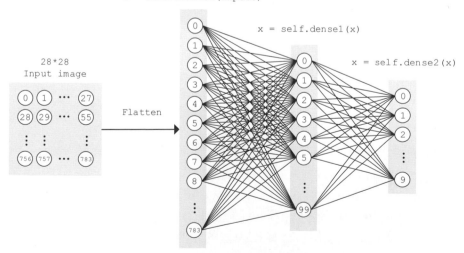

圖 3-4　MLP 模型示意圖

> 📁 softmax 函數
>
> 因為我們希望輸出「圖片分別屬於 0 到 9 的機率」,也就是一個十維的
> 離散機率分佈,所以這個十維向量至少滿足下面兩個條件。
>
> - 向量中的每個元素均在 0 和 1 之間。
> - 向量的所有元素之和為 1。
>
> 為了使模型的輸出能始終滿足這兩個條件,我們使用 softmax 函數對模
> 型的原始輸出進行歸一化,其形式為 $\sigma(z)_j = \dfrac{e^{z_j}}{\sum_{k=1}^{K} e^{z_k}}$。不僅如此,softmax
> 函數還能凸顯原始向量中最大的值,並抑制遠低於最大值的其他分量,
> 這也是該函數被稱作 softmax 函數的原因(即平滑化的 argmax 函數)。

3.2.3 模型的訓練:tf.keras.losses 和 tf.keras.optimizer

首先我們定義一些模型超參數:

```
num_epochs = 5
batch_size = 50
learning_rate = 0.001
```

然後產生物理模型和資料讀取類別,並實例化一個 tf.keras.optimizer 的最
佳化器(這裡使用常用的 Adam 最佳化器):

```
model = MLP()
data_loader = MNISTLoader()
optimizer = tf.keras.optimizers.Adam(learning_rate=learning_rate)
```

接著疊代進行以下步驟。

(1) 從 DataLoader 中隨機取一批訓練資料。
(2) 將這批資料送入模型,計算出模型的預測值。

(3) 將模型預測值與真實值進行比較，計算損失函數（loss），這裡使用 tf.keras.losses 中的交叉熵函數作為損失函數。

(4) 計算損失函數關於模型變數的導數。

(5) 將求出的導數值傳入最佳化器，使用最佳化器的 apply_gradients 方法 更新模型參數以最小化損失函數（最佳化器的詳細使用方法見 2.3.2 節）。

具體程式實現如下：

```python
num_batches = int(data_loader.num_train_data // batch_size * num_epochs)
for batch_index in range(num_batches):
    X, y = data_loader.get_batch(batch_size)
    with tf.GradientTape() as tape:
        y_pred = model(X)
        loss = tf.keras.losses.sparse_categorical_crossentropy(y_true=y,
y_pred=y_pred)
        loss = tf.reduce_mean(loss)
        print("batch %d: loss %f" % (batch_index, loss.numpy()))
    grads = tape.gradient(loss, model.variables)
    optimizer.apply_gradients(grads_and_vars=zip(grads, model.variables))
```

📁 交叉熵與 tf.keras.losses

你或許已經注意到了，我們在這裡沒有顯性地寫出一個損失函數，而是 使用了 tf.keras.losses 中的 sparse_categorical_crossentropy（交叉熵）函 數，將模型的預測值 y_pred 與真實的標籤值 y 作為函數參數傳入，由 Keras 幫助我們計算損失函數的值。

交叉熵作為損失函數，在分類問題中被廣泛應用。其離散形式為 $H(y, \hat{y}) = -\sum_{i=1}^{n} y_i \log(\hat{y}_i)$，其中 y 為真實機率分佈，$\hat{y}$ 為預測機率分佈，n 為分類任務的類別數。預測機率分佈與真實分佈越接近，交叉熵的值越 小，反之則越大。

在 tf.keras 中，有兩個與交叉熵相關的損失函數：tf.keras.losses. categorical_crossentropy 和 tf.keras.losses.sparse_categorical_crossentropy。 其中 sparse 的含義是，真實的標籤值 y_true 可以直接傳入 int 類型的標 籤類別。具體而言：

```
loss = tf.keras.losses.sparse_categorical_crossentropy(y_true=y, y_pred=
y_pred)
```

與

```
loss = tf.keras.losses.categorical_crossentropy(
    y_true=tf.one_hot(y, depth=tf.shape(y_pred)[-1]),
    y_pred=y_pred
)
```

是相等的。

3.2.4 模型的評估：tf.keras.metrics

最後，我們使用測試集評估模型的性能。這裡使用 tf.keras.metrics 中的 SparseCate-goricalAccuracy 評估器來評估模型在測試集上的性能，該評估 器能夠將模型預測的結果與真實結果進行比較，並輸出預測正確的樣本 數與總樣本數的比例。我們疊代測試資料集，每次透過 update_state() 方 法向評估器輸入 y_pred 和 y_true 兩個參數，即模型預測出的結果和真實 結果。評估器具有內部變數來保存當前評估指標相關的參數（例如當前 已傳入的累計樣本數和當前預測正確的樣本數）。疊代結束後，我們使用 result() 方法輸出最終的評估指標值（預測正確的樣本數與總樣本數的比 例）。

在以下程式中，我們實例化了一個 tf.keras.metrics.SparseCategorical Accuracy 評估器，使用 for 迴圈疊代分批次傳入了測試集資料的預測結果與真實結果,並輸出訓練後的模型在測試資料集上的準確率。

```python
sparse_categorical_accuracy = tf.keras.metrics.SparseCategoricalAccuracy()
num_batches = int(data_loader.num_test_data // batch_size)
for batch_index in range(num_batches):
    start_index, end_index = batch_index * batch_size, (batch_index + 1) *
batch_size
    y_pred = model.predict(data_loader.test_data[start_index: end_index])
    sparse_categorical_accuracy.update_state(
        y_true=data_loader.test_label[start_index: end_index], y_pred=y_pred)
print("test accuracy: %f" % sparse_categorical_accuracy.result())
```

輸出結果為:

```
test accuracy: 0.947900
```

可以注意到,使用這樣簡單的模型,準確率已經可以達到 95% 左右。

🖢 類神經網路的基本單位:類神經元 [4]

如果我們將上面的神經網路放大來看,詳細研究其計算過程,比如取第二層的第 k 個計算單元,可以得到如圖 3-5 所示的示意圖。

該計算單元 Q_k 有 100 個權值參數 (w_{0k}, w_{1k}, $\cdots$, w_{99k}) 和 1 個偏置參數 bk。將第 1 層中的 100 個計算單元 (P_0, P_1, $\cdots$, P_{99}) 的值作為輸入,分別按權值 w_{ik} 相加 (即 $\sum_{i=0}^{99} w_{ik} P_i$),並加上偏置值 b_k,然後送入啟動函數 f 進行計算,即得到輸出結果。

---

4 事實上,應當是先有神經元建模的概念,再有基於類神經元和層結構的類神經網路。但由於本書著重介紹 TensorFlow 的使用方法,所以調換了介紹順序。

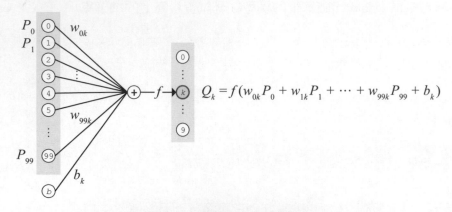

$$Q_k = f(w_{0k}P_0 + w_{1k}P_1 + \cdots + w_{99k}P_{99} + b_k)$$

圖 3-5　類神經元的計算模型

事實上，這種結構和真實的神經細胞（神經元）類似。神經元由樹突、胞體和軸突組成。樹突接受其他神經元傳來的訊號作為輸入（一個神經元可以有成千上萬個樹突），胞體對電位訊號進行整合，而產生的訊號則透過軸突傳到神經末梢的突觸，傳播到下一個（或多個）神經元，如圖 3-6 所示。

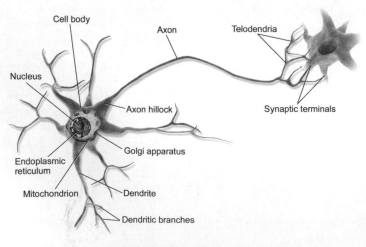

圖 3-6　神經細胞模式圖（圖片來源：Wikipedia）

上面的計算單元可以被視作對神經元結構的數學建模。在上面的例子裡，第二層的每一個計算單元（類神經元）有 100 個權值參數和 1 個偏置參數，而第二層計算單元的數目是 10 個，因此全連接層的總參數量為 100×10 個權值參數和 10 個偏置參數。事實上，這正是該全連接層中的兩個變數 kernel 和 bias 的形狀。仔細研究一下，你會發現，這裡基於神經元建模的介紹與上文基於矩陣計算的介紹是相等的。

3.3 卷積神經網路

卷積神經網路（convolutional neural network，CNN）是一種類似人類或動物視覺系統結構的類神經網路，包含一個或多個卷積層（convolutional layer）、池化層（pooling layer）和全連接層（fully-connected layer）[5]。

3.3.1 使用 Keras 實現卷積神經網路

卷積神經網路的實現與上節多層感知器的實現在程式結構上很類似，只是新加入了一些卷積層和池化層。這裡的網路結構並不是唯一的，可以增加、刪除或調整卷積神經網路的網路結構和參數，以達到更好的性能。實現卷積神經網路的範例程式如下：

---

[5] 更多有關卷積神經網路的介紹，大家可以參考「台灣大學」李宏毅教授的《機器學習》課程的 Convolutional Neural Network 一章，UFLDL 教學 Convolutional Neural Network 一節，以及史丹佛課程 CS231n: Convolutional Neural Networks for Visual Recognition 中的 Module 2: Convolutional Neural Networks 部分。

```
class CNN(tf.keras.Model):
    def __init__(self):
        super().__init__()
        self.conv1 = tf.keras.layers.Conv2D(
            filters=32,                  # 卷積層神經元（卷積核心）的數目
            kernel_size=[5, 5],          # 感受野大小
            padding='same',              # padding 策略（vaild 或 same）
            activation=tf.nn.relu        # 啟動函數
        )
        self.pool1 = tf.keras.layers.MaxPool2D(pool_size=[2, 2], strides=2)
        self.conv2 = tf.keras.layers.Conv2D(
            filters=64,
            kernel_size=[5, 5],
            padding='same',
            activation=tf.nn.relu
        )
        self.pool2 = tf.keras.layers.MaxPool2D(pool_size=[2, 2], strides=2)
        self.flatten = tf.keras.layers.Reshape(target_shape=(7 * 7 * 64,))
        self.dense1 = tf.keras.layers.Dense(units=1024, activation=tf.nn.relu)
        self.dense2 = tf.keras.layers.Dense(units=10)

    def call(self, inputs):
        x = self.conv1(inputs)          # [batch_size, 28, 28, 32]
        x = self.pool1(x)               # [batch_size, 14, 14, 32]
        x = self.conv2(x)               # [batch_size, 14, 14, 64]
        x = self.pool2(x)               # [batch_size, 7, 7, 64]
        x = self.flatten(x)             # [batch_size, 7 * 7 * 64]
        x = self.dense1(x)              # [batch_size, 1024]
        x = self.dense2(x)              # [batch_size, 10]
        output = tf.nn.softmax(x)
        return output
```

該卷積神經網路的結構如圖 3-7 所示。

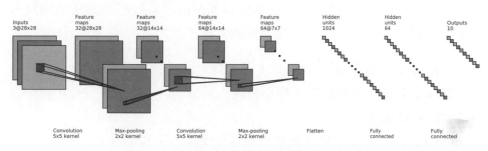

圖 3-7　範例程式中的卷積神經網路結構

將上一節的 model = MLP() 更換成 model = CNN()，輸出如下：

```
test accuracy: 0.988100
```

可以發現準確率相較於多層感知器有非常顯著的提高。事實上，透過改變模型的網路結構（比如加入 Dropout 層防止過擬合），準確率還有進一步提升的空間。

3.3.2 使用 Keras 中預先定義的經典卷積神經網路結構

tf.keras.applications 中有一些預先定義的經典卷積神經網路結構，如 VGG16、VGG19、ResNet、MobileNet 等。我們可以直接呼叫這些經典的卷積神經網路結構（甚至載入預訓練的參數），而無須手動定義網路結構。

舉例來說，我們可以使用以下程式來實例化一個 MobileNetV2 網路結構：

```
model = tf.keras.applications.MobileNetV2()
```

當執行以上程式時，TensorFlow 會自動從網路上下載 MobileNetV2 網路結構，因此在第一次執行程式時需要具備網路連接。每個網路結構具有自己特定的詳細參數設定，一些共通的常用參數如下。

- input_shape：輸入張量的形狀（不含第一維的批次大小），大多預設為 224×224×3。一般而言，模型對輸入張量的大小有下限，長和寬至少為 32×32 或 75×75。
- include_top：在網路的最後是否包含全連接層，預設為 True。
- weights：預訓練權值，預設為 'imagenet'，即當前模型載入在 ImageNet 資料集上預訓練的權值。如需隨機初始化變數，可將其設為 None。
- classes：分類數，預設為 1000。要修改該參數，需要滿足 include_top 參數為 True 且 weights 參數為 None。

各網路模型參數的詳細介紹可參考 Keras 文件。

📂 設定訓練狀態

對於一些預先定義的經典模型，其中的某些層（例如 BatchNormalization）在訓練和測試時的行為是不同的。因此，在訓練模型時，需要手動設定訓練狀態，告訴模型「我現在是處於訓練模型的階段」。既可以透過 tf.keras.backend.set_learning_phase(True) 進行設定，也可以在呼叫模型時透過將參數 training 設為 True 來設定。

下面展示一個例子，使用 MobileNetV2 網路在 tf_flowers 五分類資料集上進行訓練（為了讓程式簡短高效，在該範例中我們使用了 TensorFlow Datasets 和 tf.data 載入和前置處理資料）。透過將 weights 設定為 None，我們隨機初始化變數而不使用預訓練權值。同時將 classes 設定為 5，對應五分類的資料集。

```
import tensorflow as tf
import tensorflow_datasets as tfds

num_epoch = 5
batch_size = 19
learning_rate = 0.001

dataset = tfds.load("tf_flowers", split=tfds.Split.TRAIN, as_supervised=True)
dataset = dataset.map(lambda img, label: (tf.image.resize(img, (224, 224)) /
255.0, label)).shuffle(1024).batch(batch_size)
model = tf.keras.applications.MobileNetV2(weights=None, classes=5)
optimizer = tf.keras.optimizers.Adam(learning_rate=learning_rate)
for e in range(num_epoch):
    for images, labels in dataset:
        with tf.GradientTape() as tape:
            labels_pred = model(images, training=True)
            loss = tf.keras.losses.sparse_categorical_crossentropy(y_true=labels,
                y_pred=labels_pred)
            loss = tf.reduce_mean(loss)
            print("loss %f" % loss.numpy())
        grads = tape.gradient(loss, model.trainable_variables)
        optimizer.apply_gradients(grads_and_vars=zip(grads, model.trainable_
variables))
    print(labels_pred)
    optimizer.apply_gradients(grads_and_vars=zip(grads, model.trainable_
variables))
```

在後文的部分章節中（如分散式訓練），我們也會直接呼叫這些經典的網路結構來進行訓練。

卷積層和池化層的工作原理

卷積層（以 tf.keras.layers.Conv2D 為代表）是卷積神經網路的核心元件，它的結構與大腦的視覺皮層有類似之處。

回憶我們之前建立的神經細胞的計算模型（類神經元）以及全連接層，我們預設每個神經元與上一層的所有神經元相連。不過，在視覺皮層的神經元中，情況並不是這樣。你或許在生物課上學習過感受野（receptive field）這一概念，即視覺皮層中的神經元並非與前一層的所有神經元相連，而只是感受一片區域內的視覺訊號，並只對局部區域的視覺刺激進行反應。卷積神經網路中的卷積層正表現了這一特性。

舉例來說，圖 3-8 是一個 7×7 的單通道圖片訊號輸入。

0	0	0	0	0	0	0
0	1	0	1	2	1	0
0	0	2	2	0	1	0
0	1	1	0	2	1	0
0	0	2	1	1	0	0
0	2	1	1	2	0	0
0	0	0	0	0	0	0

圖 3-8　7×7 的單通道圖片訊號輸入

如果使用之前基於全連接層的模型，我們需要讓每個輸入訊號對應一個權值，即建模一個神經元需要 7×7 = 49 個權值（加上偏置項是 50 個），並得到一個輸出訊號。如果一層有 N 個神經元，我們就需要 $49N$ 個權值，並得到 N 個輸出訊號。

而在卷積神經網路的卷積層中，我們這樣建模一個卷積層的神經元，如圖 3-9 所示。

0	0	0	0	0	0	0
0	1	0	1	2	1	0
0	0	2	2	0	1	0
0	1	1	0	2	1	0
0	0	2	1	1	0	0
0	2	1	1	2	0	0
0	0	0	0	0	0	0

圖 3-9　建模一個卷積層的神經元

圖中 3×3 的方框代表該神經元的感受野。由此,我們只需 $3\times3 =$ 9 個權值 $W = \begin{bmatrix} w_{1,1} & w_{1,2} & w_{1,3} \\ w_{2,1} & w_{2,2} & w_{2,3} \\ w_{3,1} & w_{3,2} & w_{3,3} \end{bmatrix}$,外加 1 個偏置項 b,即可得到一個

輸出訊號。舉例來説,對於方框所示的位置,輸出訊號為對矩陣 $\begin{bmatrix} 0\times w_{1,1} & 0\times w_{1,2} & 0\times w_{1,3} \\ 0\times w_{2,1} & 1\times w_{2,2} & 0\times w_{2,3} \\ 0\times w_{3,1} & 0\times w_{3,2} & 2\times w_{3,3} \end{bmatrix}$ 的所有元素求和並加上偏置項 b,記作 $a_{1,1}$。

不過,3×3 的範圍顯然不足以處理整個圖型,因此我們使用滑動視窗的方法。使用相同的參數 W,但將方框在圖型中從左到右滑動,進行逐行掃描,每滑動到一個位置就計算一個值。舉例來説,當方

框向右移動一個單位時,我們計算矩陣 $\begin{bmatrix} 0\times w_{1,1} & 0\times w_{1,2} & 0\times w_{1,3} \\ 1\times w_{2,1} & 0\times w_{2,2} & 1\times w_{2,3} \\ 0\times w_{3,1} & 2\times w_{3,2} & 1\times w_{3,3} \end{bmatrix}$ 的

所有元素的和加上偏置項 b,記作 $a_{1,2}$。由此,和一般的神經元只能輸出 1 個值不同,這裡的卷積層神經元可以輸出一個 5×5 的矩陣

$A = \begin{bmatrix} a_{1,1} & \cdots & a_{1,5} \\ \vdots & & \vdots \\ a_{5,1} & \cdots & a_{5,5} \end{bmatrix}$。

下面我們使用 TensorFlow 來驗證一下圖 3-10 所示卷積過程的計算結果。

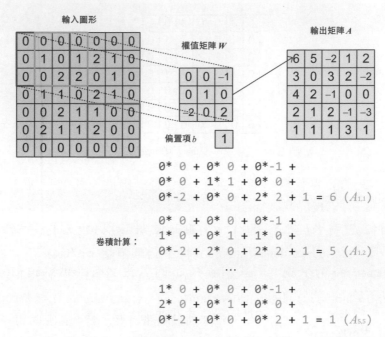

圖 3-10 卷積示意圖（一個單通道的 7×7 圖型在透過一個感受野為 3×3、
參數為 10 個的卷積層神經元後，得到 5×5 的矩陣作為卷積結果）

將圖 3-10 中的輸入圖型、權值矩陣 W 和偏置項 b 表示為 NumPy 陣列
image、W 和 b，具體如下：

```
# TensorFlow 的圖型表示為 [圖型數目,長,寬,色彩通道數] 的四維張量
# 這裡我們的輸入圖型 image 的張量形狀為 [1, 7, 7, 1]
image = np.array([[
    [0, 0, 0, 0, 0, 0, 0],
    [0, 1, 0, 1, 2, 1, 0],
    [0, 0, 2, 2, 0, 1, 0],
    [0, 1, 1, 0, 2, 1, 0],
    [0, 0, 2, 1, 1, 0, 0],
    [0, 2, 1, 1, 2, 0, 0],
    [0, 0, 0, 0, 0, 0, 0]
```

```
]], dtype=np.float32)
image = np.expand_dims(image, axis=-1)
W = np.array([[
    [ 0, 0, -1],
    [ 0, 1, 0 ],
    [-2, 0, 2 ]
]], dtype=np.float32)
b = np.array([1], dtype=np.float32)
```

然後建立一個僅有一個卷積層的模型，用 W 和 b 初始化：

```
model = tf.keras.models.Sequential([
    tf.keras.layers.Conv2D(
        filters=1,              # 卷積層神經元（卷積核心）數目
        kernel_size=[3, 3],     # 感受野大小
        kernel_initializer=tf.constant_initializer(W),
        bias_initializer=tf.constant_initializer(b)
    )]
)
```

最後將圖像資料 image 輸入模型，列印輸出：

```
output = model(image)
print(tf.squeeze(output))
```

程式的運行結果為：

```
tf.Tensor(
[[ 6.  5. -2.  1.  2.]
 [ 3.  0.  3.  2. -2.]
 [ 4.  2. -1.  0.  0.]
 [ 2.  1.  2. -1. -3.]
 [ 1.  1.  1.  3.  1.]], shape=(5, 5), dtype=float32)
```

可見與圖 3-10 中矩陣 A 的值一致。

還有一個問題，以上假設圖片都只有一個通道（例如灰階圖片），但如果圖型是彩色的（例如有 RGB 三個通道），該怎麼辦呢？此時，我們可以為每個通道準備一個 3×3 的權值矩陣，即一共有 3×3×3 = 27 個權值。對於每個通道，均使用自己的權值矩陣進行處理，輸出時將多個通道所輸出的值進行加總即可。

可能有讀者會注意到，按照上述介紹的方法，每次卷積後的結果相比於原始圖型而言，四周都會「少一圈」。比如上面 7×7 的圖型，卷積後變成了 5×5，這有時會為後面的工作帶來麻煩。因此，我們可以設定 padding 策略。在 tf.keras.layers.Conv2D 中，當我們將 padding 參數設為 same 時，會將周圍缺少的部分使用 0 補齊，使得輸出的矩陣大小和輸入一致。

最後，既然我們可以使用滑動視窗的方法進行卷積，那麼每次滑動的步進值是不是可以設定呢？答案是肯定的。透過 tf.keras.layers.Conv2D 的 strides 參數即可設定步進值（預設為 1）。比如，在上面的例子中，如果我們將步進值設定為 2，輸出的卷積結果會是一個 3×3 的矩陣。

事實上，卷積的形式多種多樣，以上的介紹只是其中最簡單和基礎的一種。更多卷積方式的範例可見 Convolution arithmetic。

池化層的瞭解則簡單得多，其可以視為對圖型進行降取樣的過程，對每一次滑動視窗中的所有值，輸出其中的最大值（即 Max Pooling）、平均值或其他方法產生的值。舉例來說，對於一個三通道的 16×16 圖型（即一個 16×16×3 的張量），經過感受野為 2×2、滑動步進值為 2 的池化層，則得到一個 8×8×3 的張量。

3.4 循環神經網路

循環神經網路（recurrent neural network，RNN）是一種適宜處理序列資料的神經網路，被廣泛用於語言模型、文字生成、機器翻譯等。這裡，我們使用循環神經網路來進行尼采風格文字的自動生成。

這個任務的本質是預測一段英文文字的接續字母的機率分佈。比如，我們有以下句子：

```
I am a studen
```

這個句子（序列）一共有 13 個字元（包含空格）。當閱讀到這個由 13 個字元組成的序列後，根據我們的經驗，我們可以預測出下一個字元很大機率是 "t"。我們希望建立這樣一個模型，一個一個輸入一段長為 seq_length 的序列，輸出這些序列接續的下一個字元的機率分佈。我們從下一個字元的機率分佈中取樣作為預測值，然後「滾雪球」式地生成下兩個字元、下三個字元等，即可完成文字的生成任務。

首先，還是實現一個簡單的 DataLoader 類別來讀取文字，並以字元為單位進行編碼。設字元種類數為 num_chars，則每種字元指定一個 0 到 num_chars - 1 之間的唯一整數編號 i：

```python
class DataLoader():
    def __init__(self):
        path = tf.keras.utils.get_file('nietzsche.txt',
            origin='https://s3.amazonaws.com/text-datasets/nietzsche.txt')
        with open(path, encoding='utf-8') as f:
            self.raw_text = f.read().lower()
        self.chars = sorted(list(set(self.raw_text)))
        self.char_indices = dict((c, i) for i, c in enumerate(self.chars))
        self.indices_char = dict((i, c) for i, c in enumerate(self.chars))
```

```
        self.text = [self.char_indices[c] for c in self.raw_text]


    def get_batch(self, seq_length, batch_size):
        seq = []
        next_char = []
        for i in range(batch_size):
            index = np.random.randint(0, len(self.text) - seq_length)
            seq.append(self.text[index:index+seq_length])
            next_char.append(self.text[index+seq_length])
        return np.array(seq), np.array(next_char)    # [batch_size,
seq_length], [num_batch]
```

接下來進行模型的實現。在 __init__ 方法中我們實例化一個常用的
LSTMCell 單元，以及一個線性變換用的全連接層，我們首先對序列進行
"One Hot" 操作，即將序列中每個字元的編碼 i 均變換為一個 num_char 維
向量，其第 i 位為 1，其餘均為 0。變換後的序列張量形狀為 [seq_length,
num_chars]。然後，我們初始化 RNN 單元的狀態，存入變數 state 中。接
下來，將序列從頭到尾依次送入 RNN 單元，即在 t 時刻，將上一個時刻
t − 1 的 RNN 單元狀態 state 和序列的第 t 個元素 inputs[t, :] 送入 RNN 單
元，得到當前時刻的輸出 output 和 RNN 單元狀態，如圖 3-11 所示。取
RNN 單元最後一次的輸出，透過全連接層變換到 num_chars 維，即作為
模型的輸出。RNN 的運行流程如圖 3-12 所示。

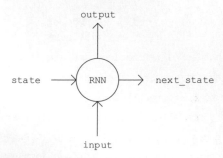

圖 3-11　output, state = self.cell(inputs[:, t, :], state) 圖示

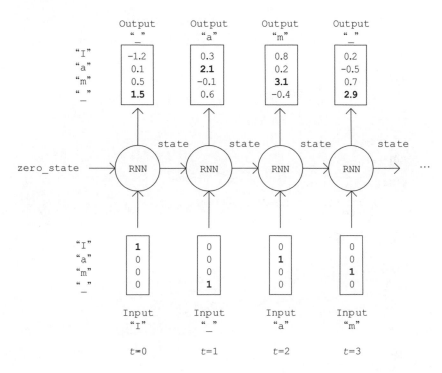

圖 3-12　RNN 運行流程

具體實現如下：

```python
class RNN(tf.keras.Model):
    def __init__(self, num_chars, batch_size, seq_length):
        super().__init__()
        self.num_chars = num_chars
        self.seq_length = seq_length
        self.batch_size = batch_size
        self.cell = tf.keras.layers.LSTMCell(units=256)
        self.dense = tf.keras.layers.Dense(units=self.num_chars)

    def call(self, inputs, from_logits=False):
        # [batch_size, seq_length, num_chars]
```

```
        inputs = tf.one_hot(inputs, depth=self.num_chars)
        state = self.cell.get_initial_state(batch_size=self.batch_size,
dtype=tf.float32)
        for t in range(self.seq_length):
            output, state = self.cell(inputs[:, t, :], state)
        logits = self.dense(output)
        if from_logits:
            return logits
        else:
            return tf.nn.softmax(logits)
```

定義一些模型超參數：

```
num_batches = 1000
seq_length = 40
batch_size = 50
learning_rate = 1e-3
```

訓練過程與前節基本一致，在此複述：

- 從 DataLoader 中隨機取一批訓練資料；
- 將這批資料送入模型，計算出模型的預測值；
- 將模型預測值與真實值進行比較，計算損失函數（loss）；
- 計算損失函數關於模型變數的導數；
- 使用最佳化器更新模型參數以最小化損失函數。

```
data_loader = DataLoader()
model = RNN(num_chars=len(data_loader.chars), batch_size=batch_size,
seq_length=seq_length)
optimizer = tf.keras.optimizers.Adam(learning_rate=learning_rate)
for batch_index in range(num_batches):
    X, y = data_loader.get_batch(seq_length, batch_size)
    with tf.GradientTape() as tape:
```

```
        y_pred = model(X)
        loss = tf.keras.losses.sparse_categorical_crossentropy(y_true=y,
 y_pred=y_pred)
        loss = tf.reduce_mean(loss)
        print("batch %d: loss %f" % (batch_index, loss.numpy()))
    grads = tape.gradient(loss, model.variables)
    optimizer.apply_gradients(grads_and_vars=zip(grads, model.variables))
```

關於文字生成的過程有一點需要特別注意。之前，我們一直使用
tf.argmax() 函數，將對應機率最大的值作為預測值。然而對於文字生成
而言，這樣的預測方式過於絕對，會使得生成的文字失去豐富性。於
是，我們使用 np.random.choice() 函數按照生成的機率分佈取樣。這樣，
即使是對應機率較小的字元，也有機會被取樣到。同時，我們加入一個
temperature 參數控制分佈的形狀，參數值越大則分佈越平緩（最大值和
最小值的差值越小），生成文字的豐富度越高；參數值越小則分佈越陡
峭，生成文字的豐富度越低。

```
def predict(self, inputs, temperature=1.):
    batch_size, _ = tf.shape(inputs)
    logits = self(inputs, from_logits=True)
    prob = tf.nn.softmax(logits / temperature).numpy()
    return np.array([np.random.choice(self.num_chars, p=prob[i, :])
                     for i in range(batch_size.numpy())])
```

透過這種方式進行「滾雪球」式的連續預測，即可得到生成文字。

```
X_, _ = data_loader.get_batch(seq_length, 1)
for diversity in [0.2, 0.5, 1.0, 1.2]:
    X = X_
    print("diversity %f:" % diversity)
    for t in range(400):
        y_pred = model.predict(X, diversity)
```

```
      print(data_loader.indices_char[y_pred[0]], end='', flush=True)
      X = np.concatenate([X[:, 1:], np.expand_dims(y_pred, axis=1)],
axis=-1)
   print("\n")
```

生成的文字如下：

diversity 0.200000:
conserted and conseive to the conterned to it is a self--and seast and the
selfes as a seast the expecience and and and the self--and the sered is a
the enderself and the sersed and as a the concertion of the series of the
self in the self--and the serse and and the seried enes and seast and the
sense and the eadure to the self and the present and as a to the self--and
the seligious and the enders

diversity 0.500000:
can is reast to as a seligut and the complesed
has fool which the self as it is a the beasing and us immery and seese for
entoured underself of the seless and the sired a mears and everyther to out
every sone thes and reapres and seralise as a streed liees of the serse to
pease the cersess of the selung the elie one of the were as we and man one
were perser has persines and conceity of all self-el

diversity 1.000000:
entoles by
their lisevers de weltaale, arh pesylmered, and so jejurted count have
foursies as is descinty iamo; to semplization refold, we dancey or theicks-
welf--atolitious on his
such which
here
oth idey of pire master, ie gerw their endwit in ids, is an trees constenved
mase commars is leed mad decemshime to the mor the elige. the fedies (byun
their ope wopperfitious--antile and the it as the f

```
diversity 1.200000:
cain, elvotidue, madehoublesily
inselfy!--ie the rads incults of to prusely le]enfes patuateded:.--a coud-
-theiritibaior "nrallysengleswout peessparify oonsgoscess teemind thenry
ansken suprerial mus, cigitioum: 4reas. whouph: who
eved
arn inneves to sya" natorne. hag open reals whicame oderedte,[fingo is
zisternethta simalfule dereeg hesls lang-lyes thas quiin turjentimy;
periaspedey tomm--whach
```

📁 循環神經網路的工作過程

循環神經網路是一個處理時間序列資料的神經網路結構,也就是說,我們需要在腦海裡有一根時間軸,循環神經網路具有初始狀態 s_0,在每個時間點 t 疊代對當前時間的輸入 x_t 進行處理,修改自身的狀態 s_t,並進行輸出 o_t。

循環神經網路的核心是狀態 s,是一個特定維數的向量,類似神經網路的「記憶」。在 $t = 0$ 的初始時刻,s_0 被指定一個初值(常用的為全 0 向量)。然後,我們用類似遞迴的方法來描述循環神經網路的工作過程。即在 t 時刻,我們假設 s_{t-1} 已經求出,關注如何在此基礎上求出 s_t:

• 對輸入向量 x_t 透過矩陣 U 進行線性變換,Ux_t 與狀態 s 具有相同的維度;

• 對 s_{t-1} 透過矩陣 W 進行線性變換,與狀態 s 具有相同的維度;

• 將上述得到的兩個向量相加並透過啟動函數,作為當前狀態 s_t 的值,即 $s_t = f(Ux_t + Ws_{t-1})$。也就是說,當前狀態的值是上一個狀態的值和當前輸入進行某種資訊整合而產生的;

• 對當前狀態 s_t 透過矩陣 V 進行線性變換,得到當前時刻的輸出 o_t。

RNN 的工作過程如圖 3-13 所示。我們假設輸入向量 x_t、狀態 s 和輸出向量 o_t 的維度分別為 m、n、p，則 $U \in \mathbb{R}^{m \times n}$、$W \in \mathbb{R}^{n \times n}$、$V \in \mathbb{R}^{n \times p}$。

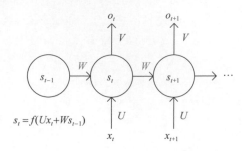

圖 3-13　RNN 工作過程

上述為最基礎的 RNN 原理介紹。在實際使用時往往使用一些常見的改進型，如 LSTM（長短期記憶神經網路，解決了長序列的梯度消失問題，適用於較長的序列）、GRU 等。

3.5 深度強化學習

強化學習（reinforcement learning，RL）強調如何基於環境而行動，以取得最大化的預期利益。結合了深度學習技術後的強化學習更是如虎添翼。這兩年廣為人知的 AlphaGo 即是深度強化學習（DRL）的典型應用。

註釋

可參考本書附錄 A 獲得強化學習的基礎知識。

這裡，我們使用深度強化學習玩 CartPole（倒立擺）遊戲，如圖 3-14 所示。倒立擺是控制論中的經典問題，在這個遊戲中，一根桿的底部與一個小車透過軸相連,而桿的重心在軸之上,因此是一個不穩定的系統。在重力的作用下,桿很容易倒下。我們需要控制小車在水平的軌道上進行左右運動,使得桿一直保持豎直平衡狀態。

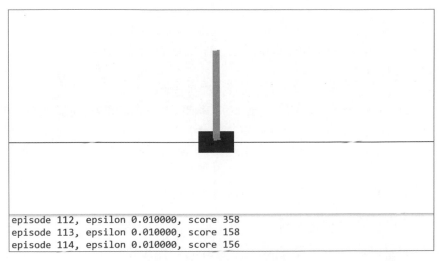

```
episode 112, epsilon 0.010000, score 358
episode 113, epsilon 0.010000, score 158
episode 114, epsilon 0.010000, score 156
```

圖 3-14　CartPole 遊戲

我們使用 OpenAI 推出的 Gym 環境函數庫中的 CartPole 遊戲環境,可使用 pip install gym 進行安裝。和 Gym 的互動過程很像是一個回合制遊戲,我們首先獲得遊戲的初始狀態(比如桿的初始角度和小車位置),然後在每個回合,我們都需要在當前可行的動作中選擇一個並交由 Gym 執行(比如向左或向右推動小車,每個回合中二者只能擇一),Gym 在執行動作後,會返回動作執行後的下一個狀態和當前回合所獲得的獎勵值(比如我們選擇向左推動小車並執行後,小車位置更加偏左,而桿的角度更加偏右,Gym 將新的角度和位置返回給我們。而如果在這一回合桿仍沒有倒下,Gym 同時返回給我們一個小的正獎勵)。這個過程可以一直疊代下去,直到遊戲終止(比如桿倒下了)。在 Python 中,Gym 的基本呼叫方法如下:

```
import gym

env = gym.make('CartPole-v1')          # 實例化一個遊戲環境，參數為遊戲名稱
state = env.reset()                     # 初始化環境，獲得初始狀態
while True:
    env.render()                        # 對當前幀進行繪製，繪圖到螢幕
    action = model.predict(state)       # 假設我們有一個訓練好的模型，能夠透過當
前狀態預測出這時
                                        # 應該進行的動作
    # 讓環境執行動作，獲得執行完動作的下一個狀態，動作的獎勵，遊戲是否已結束
以及額外資訊
    next_state, reward, done, info = env.step(action)
    if done:                            # 如果遊戲結束，則退出迴圈
        break
```

那麼，我們的任務就是訓練出一個模型，能夠根據當前的狀態預測出應該進行的好的動作。粗略地説，一個好的動作應當能夠最大化整個遊戲過程中獲得的獎勵之和，這也是強化學習的目標。以 CartPole 遊戲為例，我們的目標是希望做出合適的動作使得桿一直不倒，即遊戲互動的回合數盡可能多。而每進行一回合，我們都會獲得一個小的正獎勵，回合數越多則累積的獎勵值也越高。因此，我們最大化遊戲過程中的獎勵之和與我們的最終目標是一致的。

以下程式展示了如何使用深度強化學習中的 Deep Q-Learning 方法來訓練模型。首先，我們引入 TensorFlow、Gym 和一些常用函數庫，並定義一些模型超參數：

```
import tensorflow as tf
import numpy as np
import gym
import random
```

```
from collections import deque

num_episodes = 500                  # 遊戲訓練的總 episode 數量
num_exploration_episodes = 100      # 探索過程所佔的 episode 數量
max_len_episode = 1000              # 每個 episode 的最大回合數
batch_size = 32                     # 批次大小
learning_rate = 1e-3                # 學習率
gamma = 1.                          # 折扣因數
initial_epsilon = 1.                # 探索起始時的探索率
final_epsilon = 0.01                # 探索終止時的探索率
```

然後，我們使用 tf.keras.Model 建立一個 Q 函數網路，用於擬合 Q-Learning 中的 Q 函數。這裡我們使用較簡單的多層全連接神經網路進行擬合。該網路輸入當前狀態，輸出各個動作下的 Q-Value（CartPole 下為二維，即向左和向右推動小車）。

```
class QNetwork(tf.keras.Model):
    def __init__(self):
        super().__init__()
        self.dense1 = tf.keras.layers.Dense(units=24, activation=tf.nn.relu)
        self.dense2 = tf.keras.layers.Dense(units=24, activation=tf.nn.relu)
        self.dense3 = tf.keras.layers.Dense(units=2)

    def call(self, inputs):
        x = self.dense1(inputs)
        x = self.dense2(x)
        x = self.dense3(x)
        return x

    def predict(self, inputs):
        q_values = self(inputs)
        return tf.argmax(q_values, axis=-1)
```

最後，我們在主程式中實現 Q-Learning 演算法。

```python
if __name__ == '__main__':
    env = gym.make('CartPole-v1')      # 實例化一個遊戲環境，參數為遊戲名稱
    model = QNetwork()
    optimizer = tf.keras.optimizers.Adam(learning_rate=learning_rate)
    replay_buffer = deque(maxlen=10000) # 使用一個 deque 作為 Q-Learning 的
經驗重播池
    epsilon = initial_epsilon
    for episode_id in range(num_episodes):
        state = env.reset()                 # 初始化環境，獲得初始狀態
        epsilon = max(                      # 計算當前探索率
            initial_epsilon * (num_exploration_episodes - episode_id) /
num_exploration_episodes,
            final_epsilon)
        for t in range(max_len_episode):
            env.render()                    # 對當前幀進行繪製，繪圖到螢幕
            # epsilon-greedy 探索策略，以 epsilon 的機率選擇隨機動作
            if random.random() < epsilon:
                action = env.action_space.sample()     # 選擇隨機動作（探索）
            else:
                # 選擇模型計算出的 Q-Value 最大的動作
                action = model.predict(np.expand_dims(state, axis=0)).numpy()
                action = action[0]

            # 讓環境執行動作，獲得執行完動作的下一個狀態、動作的獎勵，遊戲是
否已結束以及額外資訊
            next_state, reward, done, info = env.step(action)
            # 如果遊戲結束，給予大的負獎勵
            reward = -10. if done else reward
            # 將(state, action, reward, next_state)的四元組（外加 done 標籤
表示是否結束）放入
            # 經驗重播池
```

```
            replay_buffer.append((state, action, reward, next_state, 1 if
done else 0))
        # 更新當前狀態
        state = next_state

        if done:        # 如果遊戲結束，則退出本輪迴圈，進行下一個 episode
            print("episode %d, epsilon %f, score %d" % (episode_id, psilon, t))
            break

        if len(replay_buffer) >= batch_size:
            # 從經驗重播池中隨機取一個批次的四元組，並分別轉為NumPy陣列
            batch_state, batch_action, batch_reward, batch_next_state,
batch_done = zip(
                    *random.sample(replay_buffer, batch_size))
            batch_state, batch_reward, batch_next_state, batch_done = \
                [np.array(a, dtype=np.float32) for a in [batch_state,
batch_reward, batch_next_state, batch_done]]
            batch_action = np.array(batch_action, dtype=np.int32)

            q_value = model(batch_next_state)
            y = batch_reward + (gamma * tf.reduce_max(q_value, axis=1))
* (1 - batch_done)  # 計算 y 值
                with tf.GradientTape() as tape:
                loss = tf.keras.losses.mean_squared_error(  # 最小化 y
和 Q-Value 的距離
                    y_true=y,
                    y_pred=tf.reduce_sum(model(batch_state) * tf.one_
hot(batch_action, depth=2), axis=1)
                )
            grads = tape.gradient(loss, model.variables)
            # 計算梯度並更新參數
            optimizer.apply_gradients(grads_and_vars=zip(grads, model.
variables))
```

對不同的任務（或說環境），我們可以根據任務的特點，設計不同的狀態以及採取合適的網路來擬合 Q 函數。舉例來說，如果我們考慮經典的打磚塊遊戲（Gym 環境函數庫中的 Breakout-v0），每執行一次動作（擋板向左、向右或不動），都會返回一個 210 * 160 * 3 的 RGB 圖片，表示當前螢幕畫面。為了給打磚塊遊戲這個任務設計合適的狀態表示，我們有以下分析。

- 磚塊的顏色資訊並不是很重要，畫面轉換成灰階也不影響操作，因此可以去除狀態中的顏色資訊（即將圖片轉為灰階表示）。
- 小球移動的資訊很重要，如果只知道單幀畫面而不知道小球往哪邊運動，即使是人也很難判斷擋板應當移動的方向。因此，必須在狀態中加入表徵小球運動方向的資訊。一個簡單的方式是將當前幀與前面幾幀的畫面進行疊加，得到一個 210 * 160 * X（X 為疊加幀數）的狀態表示。
- 每幀的解析度不需要特別高，只要能大致表徵方塊、小球和擋板的位置以做出決策即可，因此對於每幀的長寬可做適當壓縮。

而考慮到我們需要從圖型資訊中提取特徵，使用卷積神經網路作為擬合 Q 函數的網路將更為適合。由此，將上面的 QNetwork 更換為卷積神經網路，並對狀態做一些修改，即可用於玩一些簡單的視訊遊戲。

3.6* Keras Pipeline

以上範例均使用了 Keras 的 Subclassing API 建立模型，即對 tf.keras. Model 類別進行擴充以定義自己的新模型，同時手工編寫了訓練和評估模型的流程。這種方式靈活度高，且與其他流行的深度學習框架（如 PyTorch、Chainer）共通，是本書所推薦的方法。不過在很多時候，我們只需要建立一個結構相對簡單和典型的神經網路（比如上文中的 MLP 和 CNN），並使用正常的手段進行訓練。這時，Keras 也給我們提供了另一套更為簡單高效的內建方法來建立、訓練和評估模型。

3.6.1 Keras Sequential / Functional API 模式建立模型

最典型和常用的神經網路結構是將許多層按特定順序疊加起來，那麼，我們是不是只需要提供一個層的列表，就能由 Keras 將它們自動首尾相連，形成模型呢？ Keras 的 Sequential API 正是如此。透過向 tf.keras.models.Sequential() 提供一個層的列表，就能快速地建立一個 tf.keras.Model 模型：

```
model = tf.keras.models.Sequential([
    tf.keras.layers.Flatten(),
    tf.keras.layers.Dense(100, activation=tf.nn.relu),
    tf.keras.layers.Dense(10),
    tf.keras.layers.Softmax()
])
```

不過，這種層疊結構並不能表示任意的神經網路結構。為此，Keras 提供了 Functional API，幫助我們建立更為複雜的模型，例如多輸入 / 輸出或存在參數共用的模型。其使用方法是將層作為可呼叫的物件並返回張量，並將輸入向量和輸出向量提供給 tf.keras.Model 的 inputs 和 outputs 參數，範例如下：

```
inputs = tf.keras.Input(shape=(28, 28, 1))
x = tf.keras.layers.Flatten()(inputs)
x = tf.keras.layers.Dense(units=100, activation=tf.nn.relu)(x)
x = tf.keras.layers.Dense(units=10)(x)
```

```
outputs = tf.keras.layers.Softmax()(x)
model = tf.keras.Model(inputs=inputs, outputs=outputs)
```

3.6.2 使用 Keras Model 的 compile、fit 和 evaluate 方法訓練和評估模型

當模型建立完成後，可以透過 tf.keras.Model 的 compile 方法設定訓練過程：

```
model.compile(
    optimizer=tf.keras.optimizers.Adam(learning_rate=0.001),
    loss=tf.keras.losses.sparse_categorical_crossentropy,
    metrics=[tf.keras.metrics.sparse_categorical_accuracy]
)
```

tf.keras.Model.compile 接受 3 個主要參數。

- oplimizer：最佳化器，可從 tf.keras.optimizers 中選擇。
- loss：損失函數，可從 tf.keras.losses 中選擇。
- metrics：評估指標，可從 tf.keras.metrics 中選擇。

接下來，可以使用 tf.keras.Model 的 fit 方法訓練模型：

```
model.fit(data_loader.train_data, data_loader.train_label, epochs=num_epochs,
    batch_size=batch_size)
```

tf.keras.Model.fit 接受 5 個主要參數。

- x：訓練資料。
- y：目標資料（資料標籤）。
- epochs：將訓練資料疊代多少遍。
- batch_size：批次的大小。
- validation_data：驗證資料，可用於在訓練過程中監控模型的性能。

Keras 支援使用 tf.data.Dataset 進行訓練，詳見 4.3 節。

最後，可以使用 tf.keras.Model.evaluate 評估訓練效果，提供測試資料及標籤即可：

```
print(model.evaluate(data_loader.test_data, data_loader.test_label))
```

3.7* 自訂層、損失函數和評估指標

可能你還會問，當現有的層無法滿足我的要求，需要定義自己的層怎麼辦？事實上，我們不僅可以繼承 tf.keras.Model 編寫自己的模型類別，也可以繼承 tf.keras.layers.Layer 編寫自己的層。

3.7.1 自訂層

自訂層需要繼承 tf.keras.layers.Layer 類別，並重新定義 __init__、build 和 call 三個方法，如下所示：

```
class MyLayer(tf.keras.layers.Layer):
    def __init__(self):
        super().__init__()
        # 初始化程式


    def build(self, input_shape):     # input_shape 是一個 TensorShape 類型物
件，提供輸入的形狀
        # 在第一次使用該層的時候呼叫該部分程式，在這裡創建變數可以使得變數的
形狀自我調整輸入的形狀
        # 而不需要使用者額外指定變數形狀
        # 如果已經可以完全確定變數的形狀，也可以在__init__部分創建變數
        self.variable_0 = self.add_weight(...)
```

```
    self.variable_1 = self.add_weight(...)

    def call(self, inputs):
        # 模型呼叫的程式（處理輸入並返回輸出）
        return output
```

舉例來說，如果我們要自己實現一個 3.1 節中的全連接層（tf.keras.layers.
Dense），可以按以下方式編寫。此程式在 build 方法中創建兩個變數，並
在 call 方法中使用創建的變數進行運算：

```
class LinearLayer(tf.keras.layers.Layer):
    def __init__(self, units):
        super().__init__()
        self.units = units

    def build(self, input_shape):    # 這裡 input_shape 是第一次運行 call()
時參數 inputs 的形狀
        self.w = self.add_variable(name='w',
            shape=[input_shape[-1], self.units], initializer=tf.zeros_
initializer())
        self.b = self.add_variable(name='b',
            shape=[self.units], initializer=tf.zeros_initializer())

    def call(self, inputs):
        y_pred = tf.matmul(inputs, self.w) + self.b
        return y_pred
```

在定義模型的時候，我們便可以如同 Keras 中的其他層一樣，呼叫我們自
訂的層 LinearLayer：

```
class LinearModel(tf.keras.Model):
    def __init__(self):
        super().__init__()
```

```
        self.layer = LinearLayer(units=1)

    def call(self, inputs):
        output = self.layer(inputs)
        return output
```

3.7.2 自訂損失函數和評估指標

自訂損失函數需要繼承 **tf.keras.losses.Loss** 類別，重新定義 **call** 方法即可，輸入真實值 y_true 和模型預測值 y_pred，輸出模型預測值和真實值之間透過自訂的損失函數計算出的損失值。下面的範例為均方差損失函數：

```
class MeanSquaredError(tf.keras.losses.Loss):
    def call(self, y_true, y_pred):
        return tf.reduce_mean(tf.square(y_pred - y_true))
```

自訂評估指標需要繼承 **tf.keras.metrics.Metric** 類別，並重新定義 __init__、update_state 和 result 三個方法。下面的範例重新實現了前面用到的 SparseCategoricalAccuracy 評估指標類別：

```
class SparseCategoricalAccuracy(tf.keras.metrics.Metric):
    def __init__(self):
        super().__init__()
        self.total = self.add_weight(name='total', dtype=tf.int32,
            initializer=tf.zeros_initializer())
        self.count = self.add_weight(name='count', dtype=tf.int32,
            initializer=tf.zeros_initializer())

    def update_state(self, y_true, y_pred, sample_weight=None):
        values = tf.cast(tf.equal(y_true, tf.argmax(y_pred, axis=-1,
            output_type=tf.int32)), tf.int32)
```

```
        self.total.assign_add(tf.shape(y_true)[0])
        self.count.assign_add(tf.reduce_sum(values))

    def result(self):
        return self.count / self.total
```

Chapter

04

TensorFlow 常用模組

🎓 前置知識

- Python 的序列化模組 Pickle（非必須）
- Python 的特殊函數參數 **kwargs（非必須）
- Python 的疊代器

▌4.1 tf.train.Checkpoint：變數的保存與恢復

💣 警告

tf.train.Checkpoint（檢查點）只保存模型的參數，不保存模型的計算過程，因此一般用於在具有模型原始程式碼時恢復之前訓練好的模型參數。如果需要匯出模型（無須原始程式碼也能運行模型），請參考 5.1 節。

很多時候，我們希望在模型訓練完成後能將訓練好的參數（變數）保存起來，這樣在需要使用模型的其他地方載入模型和參數，就能直接得到訓練好的模型。可能你第一個想到的是用 Python 的序列化模組 pickle 儲存 model.variables。但不幸的是，TensorFlow 的變數類型 ResourceVariable 並不能被序列化。

好在 TensorFlow 提供了 tf.train.Checkpoint 這一強大的變數保存與恢復類別，使用它的 save() 和 restore() 方法可以保存和恢復 TensorFlow 中的大部分物件 [1]。具體而言，tf.keras.optimizer、tf.Variable、tf.keras.Layer 或 tf.keras.Model 實例都可以被保存，使用方法非常簡單，我們首先宣告一個 Checkpoint：

```
checkpoint = tf.train.Checkpoint(model=model)
```

這裡 tf.train.Checkpoint() 接受的初始化參數比較特殊，是一個 **kwargs。具體而言，是一系列的鍵值對，鍵名可以隨意取，值為需要保存的物件。舉例來說，如果我們希望保存一個繼承 tf.keras.Model 的模型實例 model 和一個繼承 tf.train.Optimizer 的最佳化器 optimizer，我們可以這樣寫：

```
checkpoint = tf.train.Checkpoint(myAwesomeModel=model,
myAwesomeOptimizer=optimizer)
```

這裡，myAwesomeModel 是我們為待保存的模型 model 所取的任意鍵名。注意，在恢復變數的時候，我們還將使用這一鍵名。

接下來，當模型訓練完成需要保存的時候，使用以下程式即可：

```
checkpoint.save(save_path_with_prefix)
```

其中 save_path_with_prefix 是保存檔案的目錄 + 字首。

---

1 更精確地說，是所有包含 Checkpointable State 的物件。

> **註釋**
>
> 如果在原始程式碼目錄建立一個名為 save 的資料夾並呼叫一次
> checkpoint.save('./save/model.ckpt')，我們就可以在 save 目錄下發現名為
> checkpoint、model.ckpt-1.index、model.ckpt-1.data-00000-of-00001 的 3 個
> 檔案，這些檔案記錄了變數資訊。checkpoint.save() 方法可以運行多次，
> 每運行一次都會得到一個 .index 檔案和一個 .data 檔案，序號依次累加。

當需要在其他地方為模型重新載入之前保存的參數時，應再次實例化一個 Checkpoint（注意保持鍵名一致）。然後呼叫 Checkpoint 的 restore() 方法即可恢復模型變數，程式如下：

```
# 待恢復參數的同一模型
model_to_be_restored = MyModel()
# 鍵名保持為"myAwesomeModel"
checkpoint = tf.train.Checkpoint(myAwesomeModel=model_to_be_restored)
checkpoint.restore(save_path_with_prefix_and_index)
```

save_path_with_prefix_and_index 是之前保存的檔案目錄 + 字首 + 序號。舉例來説，呼叫 checkpoint.restore('./save/model.ckpt-1') 就可以載入字首為 model.ckpt、序號為 1 的檔案來恢復模型。

當保存了多個檔案時，我們往往想載入最近的。可以使用輔助函數 tf.train.latest_checkpoint(save_path) 返回目錄下最近一次檢查點的檔案名稱。比如 save 目錄下有 model.ckpt-1.index 到 model.ckpt-10.index 這樣 10 個保存檔案，tf.train.latest_checkpoint('./save') 即返回 ./save/model.ckpt-10。

整體而言，恢復與保存變數的典型程式框架如下：

```
# train.py 模型訓練階段

model = MyModel()
```

```
# 實例化 Checkpoint，指定保存物件為 model（如果需要保存 Optimizer 的參數也
可加入）
checkpoint = tf.train.Checkpoint(myModel=model)
# ...（模型訓練程式）
# 模型訓練完畢後將參數保存到檔案（也可以在模型訓練過程中每隔一段時間就保存
一次）
checkpoint.save('./save/model.ckpt')
# test.py 模型使用階段

model = MyModel()
checkpoint = tf.train.Checkpoint(myModel=model)        # 實例化 Checkpoint，
指定恢復物件為 model
checkpoint.restore(tf.train.latest_checkpoint('./save'))# 從檔案修復模型參數
# 模型使用程式
```

📝 註釋

與以前版本常用的 tf.train.Saver 相比，tf.train.Checkpoint 的強大之處在於它支援在即時執行模式下「延遲」恢復變數。具體而言，在呼叫了 checkpoint.restore()，但模型中的變數還沒有被建立的時候，tf.train.Checkpoint 可以先不進行值的恢復，等到變數被建立的時候再進行。在即時執行模式下，模型中各層的初始化和變數的建立是在模型第一次被呼叫的時候才進行的（好處是可以根據輸入張量的形狀自動確定變數的形狀，無須手動指定），這表示當模型剛被實例化時（裡面還一個變數都沒有）使用以往的方式去恢復變數值是一定會顯示出錯的。比如，你可以試試在 train.py 中呼叫 tf.keras.Model 的 save_weight() 方法保存模型的參數，並在 test.py 中產生物理模型，然後立即呼叫 load_weight() 方法，就會出錯，只有當呼叫了一遍模型後再運行 load_weight() 方法才能得到正確的結果。可見，tf.train.Checkpoint 在這種情況下可以所帶來相當大的便利。另外，tf.train.Checkpoint 同時也支援圖執行模式。

最後，以第 3 章的多層感知器模型為例展示模型變數的保存和載入：

```python
import tensorflow as tf
import numpy as np
import argparse
from zh.model.mnist.mlp import MLP
from zh.model.utils import MNISTLoader

parser = argparse.ArgumentParser(description='Process some integers.')
parser.add_argument('--mode', default='train', help='train or test')
parser.add_argument('--num_epochs', default=1)
parser.add_argument('--batch_size', default=50)
parser.add_argument('--learning_rate', default=0.001)
args = parser.parse_args()
data_loader = MNISTLoader()


def train():
    model = MLP()
    optimizer = tf.keras.optimizers.Adam(learning_rate=args.learning_rate)
    num_batches = int(data_loader.num_train_data // args.batch_size * args.num_epochs)
    checkpoint = tf.train.Checkpoint(myAwesomeModel=model)    # 實例化
Checkpoint，設定保存物件為 model
    for batch_index in range(1, num_batches+1):
        X, y = data_loader.get_batch(args.batch_size)
        with tf.GradientTape() as tape:
            y_pred = model(X)
            loss = tf.keras.losses.sparse_categorical_crossentropy(y_true=y, y_pred=y_pred)
            loss = tf.reduce_mean(loss)
            print("batch %d: loss %f" % (batch_index, loss.numpy()))
        grads = tape.gradient(loss, model.variables)
        optimizer.apply_gradients(grads_and_vars=zip(grads, model.variables))
```

```
        if batch_index % 100 == 0:                    # 每隔 100 個批次保存一次
            path = checkpoint.save('./save/model.ckpt') # 保存模型參數到檔案
            print("model saved to %s" % path)

def test():
    model_to_be_restored = MLP()
    # 實例化 Checkpoint，設定恢復物件為新建立的模型 model_to_be_restored
    checkpoint = tf.train.Checkpoint(myAwesomeModel=model_to_be_restored)
    checkpoint.restore(tf.train.latest_checkpoint('./save'))  # 從檔案修復
模型參數
    y_pred = np.argmax(model_to_be_restored.predict(data_loader.test_data),
axis=-1)
    print("test accuracy: %f" % (sum(y_pred == data_loader.test_label) /
data_loader.num_test_data))

if __name__ == '__main__':
    if args.mode == 'train':
        train()
    if args.mode == 'test':
        test()
```

在程式目錄下建立 save 資料夾並運行程式進行訓練後，save 資料夾內
將存放每隔 100 個批次保存一次的模型變數資料。在命令列參數中加入
--mode=test 並再次運行程式，將直接使用最後一次保存的變數值恢復模
型並在測試集上測試模型性能，可以直接獲得 95% 左右的準確率。

📂 使用 tf.train.CheckpointManager 刪除舊的 Checkpoint 以及自訂檔案編號

在模型的訓練過程中，我們往往每隔一定步數保存一個 Checkpoint 並進
行編號。不過很多時候我們會有這樣的需求。

• 在長時間的訓練後，程式會保存大量的 Checkpoint，但我們只想保留
  最後幾個 Checkpoint。

- Checkpoint 預設從 1 開始編號，每次累加 1，但我們可能希望使用別的編號方式，例如使用當前訓練批次的編號作為檔案編號。

這時，我們可以使用 TensorFlow 的 tf.train.CheckpointManager 來實現以上需求。具體而言，在定義 Checkpoint 後接著定義一個 Checkpoint Manager：

```
checkpoint = tf.train.Checkpoint(model=model)
manager = tf.train.CheckpointManager(checkpoint, directory='./save',
    checkpoint_name='model.ckpt', max_to_keep=k)
```

此處參數 directory 為檔案保存路徑，checkpoint_name 為檔案名稱首（不提供則預設為 ckpt），max_to_keep 為保留的 Checkpoint 數目。

在需要保存模型的時候，我們直接使用 manager.save() 即可。如果我們希望自行指定保存的 Checkpoint 的編號，可以在保存時加入 checkpoint_number 參數，例如 manager.save(checkpoint_number=100)。

4.2 TensorBoard：訓練過程視覺化

有時，你希望查看模型訓練過程中各個參數的變化情況（例如損失函數 loss 的值）。雖然可以透過命令行輸出來查看，但可能不夠直觀。TensorBoard 就是一個能夠幫助我們將訓練過程視覺化的工具。

4.2.1 即時查看參數變化情況

首先在程式目錄下建立一個資料夾（如 ./tensorboard）存放 TensorBoard 的記錄檔案，並在程式中實例化一個記錄器：

```
summary_writer = tf.summary.create_file_writer('./tensorboard')  # 參數為記
錄檔案所保存的目錄
```

當需要記錄訓練過程中的參數時，透過 with 敘述指定希望使用的記錄器，並對需要記錄的參數（一般是純量）運行 tf.summary.scalar(name, tensor, step=batch_index)，即可將訓練過程中參數在 step 時的值記錄下來。這裡的 step 參數可根據自己的需要自行設定，一般可設定為當前訓練過程中的批次序號。整體框架如下：

```
summary_writer = tf.summary.create_file_writer('./tensorboard')
# 開始模型訓練
for batch_index in range(num_batches):
    # ...（訓練程式，將當前 batch 的損失值放入變數 loss 中）
    with summary_writer.as_default():  # 希望使用的記錄器
        tf.summary.scalar("loss", loss, step=batch_index)
        tf.summary.scalar("MyScalar", my_scalar, step=batch_index)  # 還可以
增加其他自訂的變數
```

每運行一次 tf.summary.scalar()，記錄器就會向記錄檔案中寫入一筆記錄。除了最簡單的純量以外，TensorBoard 還可以對其他類型的資料（如圖型、音訊等）進行視覺化，詳見 TensorBoard 文件。

當我們要對訓練過程視覺化時，在程式目錄打開終端（如需要的話進入 TensorFlow 的 conda 環境），運行：

```
tensorboard --logdir=./tensorboard
```

然後使用瀏覽器存取命令列程式所輸出的網址（一般是 http:// 電腦名稱：6006），即可存取 TensorBoard 的可視介面，如圖 4-1 所示。

在預設情況下，TensorBoard 每 30 秒更新一次資料。不過也可以點擊右上角的刷新按鈕手動刷新。

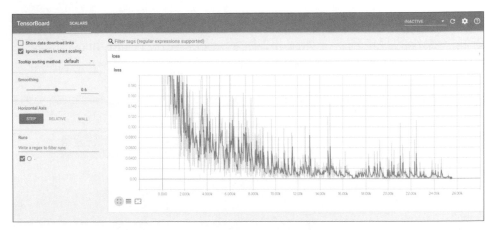

圖 4-1　TensorBoard 的可視介面

TensorBoard 的使用有以下注意事項。

- 如果需要重新訓練，那麼刪除掉記錄資料夾內的資訊並重新啟動
  TensorBoard（或建立一個新的記錄資料夾並開啟 TensorBoard，將 --
  logdir 參數設定為新建立的資料夾）。
- 記錄資料夾目錄須保持全英文。

4.2.2 查看 Graph 和 Profile 資訊

除此以外，我們可以在訓練時使用 tf.summary.trace_on 開啟 Trace，此時
TensorFlow 會將訓練時的大量資訊（如計算圖的結構、每個操作所耗費
的時間等）記錄下來。在訓練完成後，使用 tf.summary.trace_export 將記
錄結果輸出到檔案：

```
tf.summary.trace_on(graph=True, profiler=True)  # 開啟 Trace，可以記錄圖結構
和 profile 資訊進行訓練
with summary_writer.as_default():
    # 保存 Trace 資訊到檔案
    tf.summary.trace_export(name="model_trace", step=0, profiler_outdir=log_dir)
```

之後，我們就可以在 TensorBoard 的選單中選擇 PROFILE，以時間軸方式
查看各操作的耗時情況，如圖 4-2 所示。如果使用了 @tf.function（詳見
4.5 節）建立計算圖，也可以點擊 GRAPHS 查看圖結構，如圖 4-3 所示。

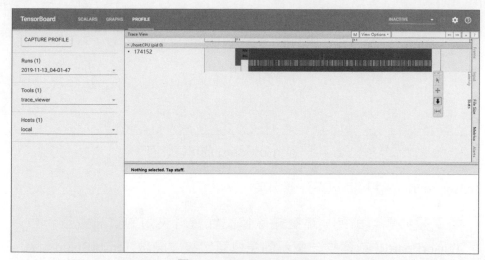

圖 4-2　PROFILE 介面

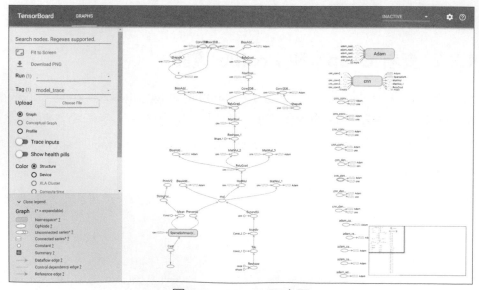

圖 4-3　GRAPHS 介面

4.2.3 實例：查看多層感知器模型的訓練情況

最後提供一個實例，以上一章的多層感知器模型為例展示 TensorBoard 的使用：

```python
import tensorflow as tf
from zh.model.mnist.mlp import MLP
from zh.model.utils import MNISTLoader


num_batches = 1000
batch_size = 50
learning_rate = 0.001
log_dir = 'tensorboard'
model = MLP()
data_loader = MNISTLoader()
optimizer = tf.keras.optimizers.Adam(learning_rate=learning_rate)
summary_writer = tf.summary.create_file_writer(log_dir)      # 實例化記錄器
tf.summary.trace_on(profiler=True)  # 開啟 Trace（可選）
for batch_index in range(num_batches):
    X, y = data_loader.get_batch(batch_size)
    with tf.GradientTape() as tape:
        y_pred = model(X)
        loss = tf.keras.losses.sparse_categorical_crossentropy(y_true=y, y_pred=y_pred)
        loss = tf.reduce_mean(loss)
        print("batch %d: loss %f" % (batch_index, loss.numpy()))
        with summary_writer.as_default():                     # 指定記錄器
            tf.summary.scalar("loss", loss, step=batch_index) # 將當前損失函數的值寫入記錄器
    grads = tape.gradient(loss, model.variables)
    optimizer.apply_gradients(grads_and_vars=zip(grads, model.variables))
with summary_writer.as_default():
```

```
# 保存 Trace 資訊到檔案（可選）
tf.summary.trace_export(name="model_trace", step=0, profiler_outdir=log_dir)
```

▋ 4.3 tf.data：資料集的建置與前置處理

很多時候，我們希望使用自己的資料集來訓練模型。然而，面對大量格式不一的原始資料檔案，將其前置處理並讀取程式的過程往往十分煩瑣，甚至比模型的設計還要耗費精力。為了讀取一批影像檔，我們可能需要糾結於 Python 的各種影像處理套件（比如 pillow），自己設計 Batch 的生成方式，最後還可能在運行的效率上不盡如人意。為此，TensorFlow 提供了 tf.data 模組，它包括了一套靈活的資料集建置 API，能夠幫助我們快速、高效率地建置資料登錄的管線，尤其適用於資料量巨大的場景。

4.3.1 資料集物件的建立

tf.data 的核心是 tf.data.Dataset 類別，提供了對資料集的高層封裝。tf.data.Dataset 由一系列可疊代存取的元素（element）組成，每個元素包含一個或多個張量。比如說，對於一個由圖型組成的資料集，每個元素可以是一個形狀為「長 × 寬 × 通道數」的圖片張量，也可以是由圖片張量和圖片標籤張量組成的元組（tuple）。

建立 tf.data.Dataset 的最基本方法是使用 tf.data.Dataset.from_tensor_slices()，該方法適用於資料量較小（能夠將資料全部裝進記憶體）的情況。如果資料集中的所有元素透過張量的第 0 維拼接成一個大的張量（舉例來說，3.2 節 MNIST 資料集的訓練集為一個 [60000, 28, 28, 1] 的張量，表示了 60 000 張 28×28 的單通道灰階圖型），那麼提供這樣的張量或第 0 維大小相同的多個張量作為輸入，就可以按張量的第 0 維展開來建置資料集，資料集的元素數量為張量第 0 維的大小。具體範例如下：

```python
import tensorflow as tf
import numpy as np

X = tf.constant([2013, 2014, 2015, 2016, 2017])
Y = tf.constant([12000, 14000, 15000, 16500, 17500])

# 也可以使用 NumPy 陣列，效果相同
# X = np.array([2013, 2014, 2015, 2016, 2017])
# Y = np.array([12000, 14000, 15000, 16500, 17500])

dataset = tf.data.Dataset.from_tensor_slices((X, Y))

for x, y in dataset:
    print(x.numpy(), y.numpy())
```

輸出程式如下：

```
2013 12000
2014 14000
2015 15000
2016 16500
2017 17500
```

⬤ 警告

當提供多個張量作為輸入時，張量的第 0 維大小必須相同，且必須將多
個張量作為元組（即使用 Python 中的小括號）拼接並作為輸入。

同理，我們可以載入上一章的 MNIST 資料集：

```python
import matplotlib.pyplot as plt
```

```
(train_data, train_label), (_, _) = tf.keras.datasets.mnist.load_data()
# [60000, 28, 28, 1]
train_data = np.expand_dims(train_data.astype(np.float32) / 255.0, axis=-1)
mnist_dataset = tf.data.Dataset.from_tensor_slices((train_data, train_label))

for image, label in mnist_dataset:
    plt.title(label.numpy())
    plt.imshow(image.numpy()[:, :, 0])
    plt.show()
```

輸出結果如圖 4-4 所示。

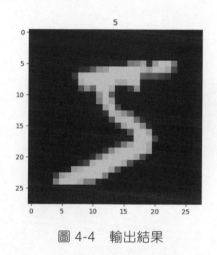

圖 4-4　輸出結果

📥 提示

TensorFlow Datasets 提供了一個基於 tf.data.Datasets 的開箱即用的資料集集合，相關內容可參考第 12 章。舉例來說，使用以下敘述：

```
import tensorflow_datasets as tfds
dataset = tfds.load("mnist", split=tfds.Split.TRAIN, as_supervised=True)
```

即可快速載入 MNIST 資料集。

對於特別巨大而無法完整載入記憶體的資料集，我們可以先將資料集處理為 TFRecord 格式，然後使用 tf.data.TFRecordDataset() 進行載入，詳情請參考 4.4 節。

4.3.2 資料集物件的前置處理

tf.data.Dataset 類別為我們提供了多種資料集前置處理方法，最常用的如下所示。

- Dataset.map(f)：對資料集中的每個元素應用函數 f，得到一個新的資料集（這部分往往結合 tf.io 對檔案進行讀寫和解碼，結合 tf.image 進行影像處理）。
- Dataset.shuffle(buffer_size)：將資料集打亂〔設定一個固定大小的緩衝區（buffer），取出前 buffer_size 個元素放入，並從緩衝區中隨機取樣，取樣後的資料用後續資料替換〕。
- Dataset.batch(batch_size)：將資料集分成批次，即對每 batch_size 個元素，使用 tf.stack() 在第 0 維合併，成為一個元素。

除此之外，還有 Dataset.repeat()（重復資料集的元素）、Dataset.reduce()（與 Map 相對的聚合操作）、Dataset.take()（截取資料集中的前許多個元素）等，可參考 API 文件進一步了解。

下面以 MNIST 資料集為例進行演示。使用 Dataset.map() 將所有圖片旋轉 90 度：

```
def rot90(image, label):
    image = tf.image.rot90(image)
    return image, label

mnist_dataset = mnist_dataset.map(rot90)
```

```
for image, label in mnist_dataset:
    plt.title(label.numpy())
    plt.imshow(image.numpy()[:, :, 0])
    plt.show()
```

輸出結果如圖 4-5 所示。

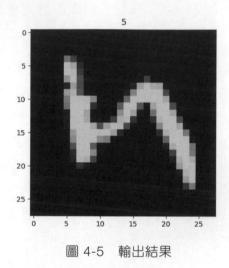

圖 4-5　輸出結果

使用 Dataset.batch() 將資料集劃分批次，每個批次的大小為 4：

```
mnist_dataset = mnist_dataset.batch(4)

for images, labels in mnist_dataset:      # image: [4, 28, 28, 1], labels: [4]
    fig, axs = plt.subplots(1, 4)
    for i in range(4):
        axs[i].set_title(labels.numpy()[i])
        axs[i].imshow(images.numpy()[i, :, :, 0])
    plt.show()
```

輸出結果如圖 4-6 所示。

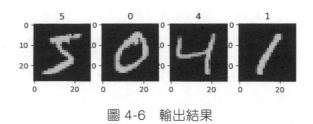

圖 4-6　輸出結果

使用 Dataset.shuffle() 將資料打散後再設定批次，快取大小設定為 10 000：

```
mnist_dataset = mnist_dataset.shuffle(buffer_size=10000).batch(4)

for images, labels in mnist_dataset:
    fig, axs = plt.subplots(1, 4)
    for i in range(4):
        axs[i].set_title(labels.numpy()[i])
        axs[i].imshow(images.numpy()[i, :, :, 0])
    plt.show()
```

將上面的程式分別運行兩次，輸出結果如圖 4-7 和圖 4-8 所示。

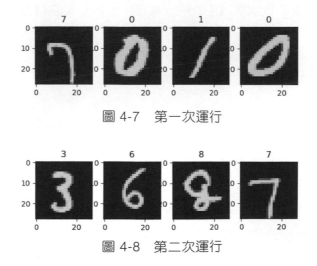

圖 4-7　第一次運行

圖 4-8　第二次運行

可見每次執行時期，資料都會被隨機打散。

📂 **Dataset.shuffle() 中緩衝區大小 buffer_size 的設定**

tf.data.Dataset 作為一個針對大規模資料設計的疊代器，本身無法方便地獲得自身元素的數量或隨機存取元素。因此，為了高效且較為充分地打散資料集，需要一些特定的方法。Dataset.shuffle() 採取了以下方法：

- 設定一個固定大小為 buffer_size 的緩衝區；
- 初始化時，取出資料集中的前 buffer_size 個元素放入緩衝區；
- 每次從資料集中取元素時，從緩衝區中隨機取樣一個元素並取出，然後從後續的元素中取出一個放回到之前被取出的位置，以維持緩衝區的大小。

因此，緩衝區的大小需要根據資料集的特性和資料排列順序的特點來合理地進行設定。比如：

- 當 buffer_size 設定為 1 時，相等於沒有進行任何打散；
- 當資料集的標籤順序分佈極不均勻（例如二元分類時資料集前 N 個的標籤為 0，後 N 個的標籤為 1）時，如果緩衝區設定得太小，可能會使訓練時取出的批次數據全為同一標籤，從而影響訓練效果。

一般而言，若資料集的順序分佈較為隨機，則緩衝區的大小可較小，否則需要設定較大的緩衝區。

4.3.3 使用 tf.data 的平行化策略提高訓練流程效率

當訓練模型時，我們希望充分利用運算資源，減少 CPU/GPU 的空載時間。然而，有時資料集的準備處理非常耗時，使得我們在每進行一次訓練前都需要花費大量的時間準備待訓練的資料，GPU 只能空載等待資料，造成了運算資源的浪費，如圖 4-9 所示。

圖 4-9　正常訓練流程

此時，tf.data 的資料集物件提供了 Dataset.prefetch() 方法，我們可以讓資料集物件 Dataset 在訓練時預先取出許多個元素，使得在 GPU 訓練的同時 CPU 可以準備資料，從而提升訓練流程的效率，如圖 4-10 所示。

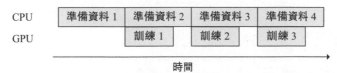

圖 4-10　使用 Dataset.prefetch() 方法進行資料預先載入後的訓練流程

Dataset.prefetch() 的使用方法和前節的 Dataset.batch()、Dataset.shuffle() 等非常類似。繼續以 MNIST 資料集為例，若希望開啟資料預先載入功能，使用以下程式即可：

```
mnist_dataset = mnist_dataset.prefetch(buffer_size=tf.data.experimental.
AUTOTUNE)
```

此處參數 buffer_size 既可手工設定，也可設定為 tf.data.experimental.
AUTOTUNE，即由 TensorFlow 自動選擇合適的數值。

與此類似，Dataset.map() 也可以利用多 GPU 資源，平行化地對資料項目進行變換，從而提高效率。仍然以 MNIST 資料集為例，透過設定 Dataset.map() 的 num_parallel_calls 參數即可實現資料轉換的平行化。假設用於訓練的計算機具有 2 核心 CPU，我們希望充分利用多核心的優勢對資料進行平行化變換，那麼旋轉 90 度可以使用以下程式：

```
mnist_dataset = mnist_dataset.map(map_func=rot90, num_parallel_calls=2)
```

其運行過程如圖 4-11 所示。

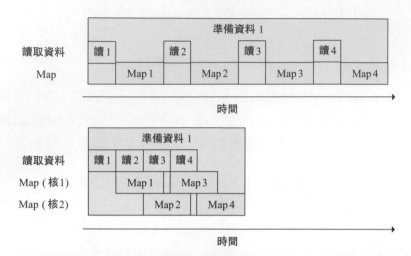

圖 4-11　運行過程（上部分是未平行化的圖示，下部分是 2 核心平行的圖示）

當然，這裡同樣可以將 num_parallel_calls 設定為 tf.data.experimental. AUTOTUNE，讓 TensorFlow 自動選擇合適的數值。

除此以外，還有很多提升資料集處理性能的方式，可參考 TensorFlow 文件進一步了解。4.3.5 節的實例中展示了 tf.data 平行化策略的強大性能。

4.3.4 資料集元素的獲取與使用

建置好資料並前置處理後，我們需要從中疊代獲取資料用於訓練。tf.data. Dataset 是一個 Python 的可疊代物件，因此可以使用 for 迴圈疊代獲取資料，即：

```
dataset = tf.data.Dataset.from_tensor_slices((A, B, C, ...))
# 對張量 a、b、c 等操作，例如送入模型進行訓練
for a, b, c, ... in dataset:
```

也可以使用 iter() 顯性創建一個 Python 疊代器並使用 next() 獲取下一個元
素，即：

```
dataset = tf.data.Dataset.from_tensor_slices((A, B, C, ...))
it = iter(dataset)
a_0, b_0, c_0, ... = next(it)
a_1, b_1, c_1, ... = next(it)
```

Keras 支援使用 tf.data.Dataset 直接作為輸入。當呼叫 tf.keras.Model 的
fit() 和 evaluate() 方法時，可以將參數中的輸入資料 x 指定為一個元素格
式為 (輸入資料 , 標籤資料) 的 Dataset，並忽略參數中的標籤資料 y。舉
例來說，對於上述的 MNIST 資料集，正常的 Keras 訓練方式是：

```
model.fit(x=train_data, y=train_label, epochs=num_epochs, batch_size=batch_size)
```

使用 tf.data.Dataset 後，我們可以直接傳入 Dataset：

```
model.fit(mnist_dataset, epochs=num_epochs)
```

由於已經透過 Dataset.batch() 方法劃分了資料集的批次，所以這裡也無須
提供批次的大小。

4.3.5 實例：cats_vs_dogs 圖型分類

以下程式以貓狗圖片二分類任務為例，展示了使用 tf.data 結合 tf.io 和
tf.image 建立 tf.data.Dataset 資料集，並進行訓練和測試的完整過程。使
用前須將下載好的資料集解壓到程式中 data_dir 所設定的目錄（此處預設
設定為 C:/datasets/cats_vs_dogs，可根據自己的需求進行修改）。程式如
下：

```
import tensorflow as tf
import os
```

```python
num_epochs = 10
batch_size = 32
learning_rate = 0.001
data_dir = 'C:/datasets/cats_vs_dogs'
train_cats_dir = data_dir + '/train/cats/'
train_dogs_dir = data_dir + '/train/dogs/'
test_cats_dir = data_dir + '/valid/cats/'
test_dogs_dir = data_dir + '/valid/dogs/'


def _decode_and_resize(filename, label):
    image_string = tf.io.read_file(filename)          # 讀取原始檔案
    image_decoded = tf.image.decode_jpeg(image_string)   # 解碼 JPEG 圖片
    image_resized = tf.image.resize(image_decoded, [256, 256]) / 255.0
    return image_resized, label


if __name__ == '__main__':
    # 建置訓練資料集
    train_cat_filenames = tf.constant([train_cats_dir + filename for filename in
        os.listdir(train_cats_dir)])
    train_dog_filenames = tf.constant([train_dogs_dir + filename for filename in
        os.listdir(train_dogs_dir)])
    train_filenames = tf.concat([train_cat_filenames, train_dog_filenames],
axis=-1)
    train_labels = tf.concat([
        tf.zeros(train_cat_filenames.shape, dtype=tf.int32),
        tf.ones(train_dog_filenames.shape, dtype=tf.int32)],
        axis=-1)

    train_dataset = tf.data.Dataset.from_tensor_slices((train_filenames,
train_labels))
    train_dataset = train_dataset.map(
```

```
        map_func=_decode_and_resize,
        num_parallel_calls=tf.data.experimental.AUTOTUNE)
```
    # 取出前 buffer_size 個資料放入 buffer，並從其中隨機取樣，取樣後的資料用
後續資料替換
```
    train_dataset = train_dataset.shuffle(buffer_size=23000)
    train_dataset = train_dataset.batch(batch_size)
    train_dataset = train_dataset.prefetch(tf.data.experimental.AUTOTUNE)

    model = tf.keras.Sequential([
        tf.keras.layers.Conv2D(32, 3, activation='relu', input_shape=(256,
256, 3)),
        tf.keras.layers.MaxPooling2D(),
        tf.keras.layers.Conv2D(32, 5, activation='relu'),
        tf.keras.layers.MaxPooling2D(),
        tf.keras.layers.Flatten(),
        tf.keras.layers.Dense(64, activation='relu'),
        tf.keras.layers.Dense(2, activation='softmax')
    ])

    model.compile(
        optimizer=tf.keras.optimizers.Adam(learning_rate=learning_rate),
        loss=tf.keras.losses.sparse_categorical_crossentropy,
        metrics=[tf.keras.metrics.sparse_categorical_accuracy]
    )

    model.fit(train_dataset, epochs=num_epochs)
```

使用以下程式進行測試：

```
# 建置測試資料集
test_cat_filenames = tf.constant([test_cats_dir + filename for filename in
os.listdir(test_cats_dir)])
test_dog_filenames = tf.constant([test_dogs_dir + filename for filename in
```

```
os.listdir(test_dogs_dir)])
test_filenames = tf.concat([test_cat_filenames, test_dog_filenames], axis=-1)
test_labels = tf.concat([
    tf.zeros(test_cat_filenames.shape, dtype=tf.int32),
    tf.ones(test_dog_filenames.shape, dtype=tf.int32)],
    axis=-1)

test_dataset = tf.data.Dataset.from_tensor_slices((test_filenames, test_labels))
test_dataset = test_dataset.map(_decode_and_resize)
test_dataset = test_dataset.batch(batch_size)

print(model.metrics_names)
print(model.evaluate(test_dataset))
```

透過對以上範例進行性能測試，我們可以感受到 tf.data 的強大平行化性
能。透過 prefetch() 的使用和在 map() 過程中加入 num_parallel_calls 參
數，模型訓練的時間可縮短至原來的一半甚至更少。測試結果如圖 4-12
所示。

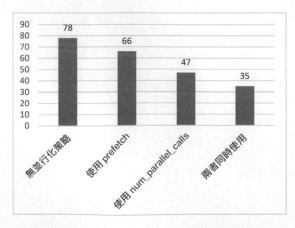

圖 4-12　tf.data 的平行化策略性能測試
（縱軸為每 epoch 訓練所需時間，單位：秒）

▌4.4 TFRecord：TensorFlow 資料集儲存格式

TFRecord 是 TensorFlow 中的資料集儲存格式。當我們將資料集整理成 TFRecord 格式後，TensorFlow 就可以高效率地讀取和處理這些資料集了，從而幫助我們更高效率地進行大規模模型訓練。

TFRecord 可以視為一系列序列化的 tf.train.Example 元素所組成的清單檔案，而每一個 tf.train.Example 又由許多個 tf.train.Feature 的字典組成。形式如下：

```
# dataset.tfrecords
[
    {   # example 1 (tf.train.Example)
        'feature_1': tf.train.Feature,
        ...
        'feature_k': tf.train.Feature
    },
    ...
    {   # example N (tf.train.Example)
        'feature_1': tf.train.Feature,
        ...
        'feature_k': tf.train.Feature
    }
]
```

為了將形式各樣的資料集整理為 TFRecord 格式，我們可以對資料集中的每個元素進行以下步驟。

(1) 讀取該資料元素到記憶體。
(2) 將該元素轉為 tf.train.Example 物件。（每個 tf.train.Example 物件由許多個 tf.train.Feature 的字典組成，因此需要先建立 Feature 的字典。）

(3) 將 tf.train.Example 物件序列化為字串,並透過一個預先定義的 tf.io. TFRecordWriter 寫入 TFRecord 檔案。

而讀取 TFRecord 資料則可按照以下步驟。

(1) 透過 tf.data.TFRecordDataset 讀取原始的 TFRecord 檔案(此時檔案中 的 tf.train.Example 物件尚未被反序列化),獲得一個 tf.data.Dataset 資 料集物件。

(2) 透過 Dataset.map 方法,對該資料集物件中的每個序列化的 tf.train. Example 字串執行 tf.io.parse_single_example 函數,從而實現反序列 化。

以下我們透過一個實例,展示將 4.3.5 節中使用的 cats_vs_dogs 二分類資 料集的訓練集部分轉為 TFRecord 檔案,並讀取該檔案的過程。

4.4.1 將資料集儲存為 TFRecord 檔案

與 4.3.5 節類似,我們首先進行一些準備工作,下載資料集並解壓到 data_dir,初始化資料集的圖片檔案名稱清單及標籤。相關程式如下:

```python
import tensorflow as tf
import os

data_dir = 'C:/datasets/cats_vs_dogs'
train_cats_dir = data_dir + '/train/cats/'
train_dogs_dir = data_dir + '/train/dogs/'
tfrecord_file = data_dir + '/train/train.tfrecords'

train_cat_filenames = [train_cats_dir + filename for filename in
os.listdir(train_cats_dir)]
train_dog_filenames = [train_dogs_dir + filename for filename in
os.listdir(train_dogs_dir)]
```

```
train_filenames = train_cat_filenames + train_dog_filenames
# 將 cat 類別的標籤設為 0，dog 類別的標籤設為 1
train_labels = [0] * len(train_cat_filenames) + [1] * len(train_dog_filenames)
```

然後，透過以下程式，疊代讀取每張圖片，建立 tf.train.Feature 字典和 tf.train.Example 物件，序列化並寫入 TFRecord 檔案。相關程式如下：

```
with tf.io.TFRecordWriter(tfrecord_file) as writer:
    for filename, label in zip(train_filenames, train_labels):
        # 讀取資料集圖片到記憶體，image 為一個 Byte 類型的字串
        image = open(filename, 'rb').read()
        feature = {                        # 建立 tf.train.Feature 字典
            # 圖片是一個 Bytes 物件
            'image': tf.train.Feature(bytes_list=tf.train.BytesList(value=
[image])),
            # 標籤是一個 int 物件
            'label': tf.train.Feature(int64_list=tf.train.Int64List(value=
[label]))
        }
        # 透過字典建立 Example
        example = tf.train.Example(features=tf.train.Features(feature=feature))
        writer.write(example.SerializeToString())  # 將 Example 序列化並寫入
TFRecord 檔案
```

值得注意的是，tf.train.Feature 支援 3 種資料格式。

- tf.train.BytesList：字串或原始 Byte 檔案（如圖片類型的檔案），透過 bytes_list 參數傳入一個由字串陣列初始化的 tf.train.BytesList 物件。

- tf.train.FloatList：浮點數，透過 float_list 參數傳入一個由浮點數陣列 初始化的 tf.train.FloatList 物件。

- tf.train.Int64List：整數，透過 int64_list 參數傳入一個由整數陣列初始 化的 tf.train.Int64List 物件。

如果只希望保存一個元素而非陣列，傳入一個只有一個元素的陣列即可。

運行以上程式，不出片刻，我們即可在 tfrecord_file 所指向的檔案位址處獲得一個 500 MB 左右的 train.tfrecords 檔案。

4.4.2 讀取 TFRecord 檔案

我們可以透過以下程式，讀取之前建立的 train.tfrecords 檔案，並透過 Dataset.map 方法，使用 tf.io.parse_single_example 函數對資料集中的每一個序列化的 tf.train.Example 物件解碼：

```python
raw_dataset = tf.data.TFRecordDataset(tfrecord_file)  # 讀取 TFRecord 檔案

feature_description = { # 定義Feature結構，告訴解碼器每個Feature的類型是什麼
    'image': tf.io.FixedLenFeature([], tf.string),
    'label': tf.io.FixedLenFeature([], tf.int64),
}

def _parse_example(example_string):  # 將 TFRecord 檔案中的每一個序列化的
tf.train.Example 解碼
    feature_dict = tf.io.parse_single_example(example_string, feature_description)
    feature_dict['image'] = tf.io.decode_jpeg(feature_dict['image']) # 解碼
 JPEG 圖片
    return feature_dict['image'], feature_dict['label']

dataset = raw_dataset.map(_parse_example)
```

這裡的 feature_description 字典類似一個資料集的「描述檔案」，tf.io. FixedLenFeature 的 3 個輸入參數 shape、dtype 和 default_value（可省略）分別是每個 Feature 的形狀、類型和預設值。在這裡，我們的資料項目都是單一的數值或字串，所以 shape 為空陣列。

運行以上程式後,我們獲得一個資料集物件 dataset,這已經是一個可以用於訓練的 tf.data.Dataset 物件了!我們從該資料集中讀取元素並輸出驗證:

```python
import matplotlib.pyplot as plt

for image, label in dataset:
    plt.title('cat' if label == 0 else 'dog')
    plt.imshow(image.numpy())
    plt.show()
```

顯示結果如圖 4-13 所示。

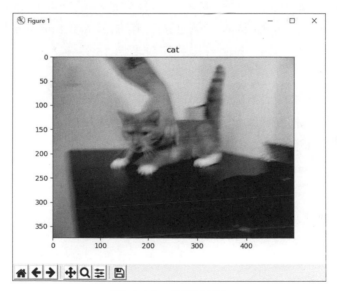

圖 4-13　顯示結果

可見圖片和標籤都正確顯示,資料集建置成功。

▌ 4.5* @tf.function：圖執行模式

雖然預設的即時執行模式具有靈活及易偵錯的特性，但在特定的場合，例如追求高性能或部署模型時，我們依然希望使用圖執行模式，將模型轉為高效的 TensorFlow 圖模型。此時，TensorFlow 2 為我們提供了 tf.function 模組，結合 AutoGraph 機制，使得我們僅需加入一個簡單的 @tf.function 修飾符號，就能輕鬆將模型以圖執行模式運行。

4.5.1 @tf.function 基礎使用方法

@tf.function 的基礎使用非常簡單，只需要將我們希望以圖執行模式運行的程式封裝在一個函數內，並在函數前加上 @tf.function 即可。關於 TensorFlow 1.x 版本中的圖執行模式可參考第 15 章。

💣 警告

並不是任何函數都可以被 @tf.function 修飾！ @tf.function 使用靜態編譯將函數內的程式轉換成計算圖，因此對函數內可使用的敘述有一定限制（僅支援 Python 語言的子集），且需要函數內的操作本身能夠被建置為計算圖。建議在函數內只使用 TensorFlow 的原生操作，不要使用過於複雜的 Python 敘述，函數參數只包括 TensorFlow 張量或 NumPy 陣列，並最好是能夠按照計算圖的思想去建構函數。（換言之，@tf.function 只是給了你一種更方便的寫計算圖的方法，而非一顆能給任何函數加速的「銀子彈」。）

@tf.function 的基礎使用如下所示：

```
import tensorflow as tf
import time
from zh.model.mnist.cnn import CNN
```

```python
from zh.model.utils import MNISTLoader

num_batches = 400
batch_size = 50
learning_rate = 0.001
data_loader = MNISTLoader()


@tf.function
def train_one_step(X, y):
    with tf.GradientTape() as tape:
        y_pred = model(X)
        loss = tf.keras.losses.sparse_categorical_crossentropy(y_true=y,
y_pred=y_pred)
        loss = tf.reduce_mean(loss)
        # 注意這裡使用了 TensorFlow 內建的 tf.print()，
        # @tf.function 不支援 Python 內建的 print 方法
        tf.print("loss", loss)
    grads = tape.gradient(loss, model.variables)
    optimizer.apply_gradients(grads_and_vars=zip(grads, model.variables))


if __name__ == '__main__':
    model = CNN()
    optimizer = tf.keras.optimizers.Adam(learning_rate=learning_rate)
    start_time = time.time()
    for batch_index in range(num_batches):
        X, y = data_loader.get_batch(batch_size)
        train_one_step(X, y)
    end_time = time.time()
    print(end_time - start_time)
```

運行 400 個批次進行測試，加入 @tf.function 的程式耗時 35.5 秒，未加入 @tf.function 的純即時執行模式程式耗時 43.8 秒，可見 @tf.function 帶來了一定的性能提升。一般而言，當模型由較多小的操作組成的時候，@tf.function 帶來的提升效果較大。而當模型的運算元量較少，但單一操作均很耗時的時候，@tf.function 帶來的性能提升不會太大。

4.5.2 @tf.function 內在機制

當第一次呼叫被 @tf.function 修飾的函數時，需要進行以下操作。

- 在即時執行模式關閉的環境下，函數內的程式依次運行。也就是説，當呼叫 TensorFlow 的計算 API 時，都只是定義了計算節點，而並沒有進行任何實質的計算。這與 TensorFlow 1.x 的圖執行模式是一致的。
- 使用 AutoGraph 將函數中的 Python 控制流敘述轉換成 TensorFlow 計算圖中的對應節點（比如將 while 和 for 敘述轉為 tf.while，將 if 敘述轉為 tf.cond 等。
- 基於以上兩步，建立函數內程式的計算圖（為了保證圖的計算順序，圖中還會自動加入一些 tf.control_dependencies 節點）。
- 運行一次這個計算圖。
- 基於函數的名字和輸入的函數參數的類型生成一個雜湊值，並將建立的計算圖快取到一個雜湊表中。

當被 @tf.function 修飾的函數再次被呼叫時，根據函數名稱和輸入的函數參數類型計算雜湊值，檢查雜湊表中是否已經有了對應計算圖的快取。如果是，則直接使用已快取的計算圖，否則重新按上述步驟建立計算圖。

以下是一個測試題：

```
import tensorflow as tf
import numpy as np


@tf.function
```

```python
def f(x):
    print("The function is running in Python")
    tf.print(x)


a = tf.constant(1, dtype=tf.int32)
f(a)
b = tf.constant(2, dtype=tf.int32)
f(b)
b_ = np.array(2, dtype=np.int32)
f(b_)
c = tf.constant(0.1, dtype=tf.float32)
f(c)
d = tf.constant(0.2, dtype=tf.float32)
f(d)
```

思考一下，上面這段程式的結果是什麼？

答案是：

```
The function is running in Python
1
2
2
The function is running in Python
0.1
0.2
```

當計算 f(a) 時，由於是第一次呼叫該函數，TensorFlow 進行了以下操作。

■ 將函數內的程式依次運行了一遍（因此輸出了文字）。

■ 建置了計算圖，然後運行了一次該計算圖（因此輸出了 1）。這裡 tf.print(x) 可以作為計算圖的節點，但 Python 內建的 print 則不能被轉換成計算圖的節點。因此，計算圖中只包含了 tf.print(x) 這一操作。

- 將該計算圖快取到了一個雜湊表中（如果之後再有類型為 tf.int32，形狀為空的張量輸入，則重複使用已建置的計算圖）。

計算 f(b) 時，由於 b 的類型與 a 相同，所以 TensorFlow 重複使用了之前已建置的計算圖並運行（因此輸出了 2）。由於這裡並沒有真正地逐行運行函數中的程式，所以函數第一行的文字輸出程式沒有運行。在計算 f(b_) 時，TensorFlow 自動將 NumPy 的資料結構轉換成了 TensorFlow 中的張量，因此依然能夠重複使用之前已建置的計算圖。

計算 f(c) 時，雖然張量 c 的形狀和 a、b 均相同，但類型為 tf.float32，因此 TensorFlow 重新運行了函數內程式（從而再次輸出了文字）並建立了一個輸入為 tf.float32 類型的計算圖。

計算 f(d) 時，由於 d 和 c 的類型相同，所以 TensorFlow 重複使用了計算圖，同理沒有輸出文字。

而對於 @tf.function 對 Python 內建的整數和浮點數類型的處理方式，我們透過以下範例展現：

```
f(d)
f(1)
f(2)
f(1)
f(0.1)
f(0.2)
f(0.1)
```

結果為：

```
The function is running in Python
1
The function is running in Python
```

```
2
1
The function is running in Python
0.1
The function is running in Python
0.2
0.1
```

簡而言之，對於 Python 內建的整數和浮點數類型，只有當值完全一致的時候，@tf.function 才會重複使用之前建立的計算圖，而並不會自動將 Python 內建的整數或浮點數等轉換成張量。因此，當函數參數包含 Python 內建整數或浮點數時，需要格外小心。一般而言，應當只在指定超參數等少數場合使用 Python 內建類型作為被 @tf.function 修飾的函數的參數。

下一個思考題：

```
import tensorflow as tf

a = tf.Variable(0.0)

@tf.function
def g():
    a.assign(a + 1.0)
    return a

print(g())
print(g())
print(g())
```

這段程式的輸出是：

```
tf.Tensor(1.0, shape=(), dtype=float32)
```

```
tf.Tensor(2.0, shape=(), dtype=float32)
tf.Tensor(3.0, shape=(), dtype=float32)
```

同樣地，你可以在被 @tf.function 修飾的函數裡呼叫 tf.Variable、tf.keras.optimizers、tf.keras.Model 等包含變數的資料結構。一旦被呼叫，這些結構將作為隱含的參數提供給函數。當這些結構內的值在函數內被修改時，在函數外也同樣生效。

4.5.3 AutoGraph：將 Python 控制流轉為 TensorFlow 計算圖

前面提到，@tf.function 使用名為 AutoGraph 的機制將函數中的 Python 控制流敘述轉換成 TensorFlow 計算圖中的對應節點。以下是一個範例，使用 tf.autograph 模組的底層 API tf.autograph.to_code 將函數 square_if_positive 轉換成 TensorFlow 計算圖：

```python
import tensorflow as tf

@tf.function
def square_if_positive(x):
    if x > 0:
        x = x * x
    else:
        x = 0
    return x

a = tf.constant(1)
b = tf.constant(-1)
print(square_if_positive(a), square_if_positive(b))
print(tf.autograph.to_code(square_if_positive.python_function))
```

輸出程式如下：

```
tf.Tensor(1, shape=(), dtype=int32) tf.Tensor(0, shape=(), dtype=int32)
def tf__square_if_positive(x):
    do_return = False
    retval_ = ag__.UndefinedReturnValue()
    cond = x > 0

    def get_state():
        return ()

    def set_state(_):
        pass

    def if_true():
        x_1, = x,
        x_1 = x_1 * x_1
        return x_1

    def if_false():
        x = 0
        return x
    x = ag__.if_stmt(cond, if_true, if_false, get_state, set_state)
    do_return = True
    retval_ = x
    cond_1 = ag__.is_undefined_return(retval_)

    def get_state_1():
        return ()

    def set_state_1(_):
        pass
```

```
def if_true_1():
    retval_ = None
    return retval_


def if_false_1():
    return retval_
retval_ = ag__.if_stmt(cond_1, if_true_1, if_false_1, get_state_1, set_state_1)
return retval_
```

我們注意到，原函數中的 Python 控制流 if...else... 被轉為了 x = ag__.
if_stmt(cond, if_true, if_false, get_state, set_state) 這種計算圖式的寫法。
AutoGraph 有著類似編譯器的作用，能夠幫助我們透過更加自然的
Python 控制流輕鬆地建置帶有條件或迴圈的計算圖，而無須手動使用
TensorFlow 的 API 進行建置。

4.5.4 使用傳統的 tf.Session

不過，如果你依然鍾情於 TensorFlow 傳統的圖執行模式也沒有問題。
TensorFlow 2 提供了 tf.compat.v1 模組以支援 TensorFlow 1.x 版本的
API。同時，只要在編寫模型的時候稍加注意，Keras 的模型是可以
同時相容即時執行模式和圖執行模式的。注意，在圖執行模式下，
model(input_tensor) 只需運行一次就能完成圖的建立操作。

舉例來說，透過以下程式，同樣可以在 MNIST 資料集上訓練前面所建立
的 MLP 或 CNN 模型：

```
optimizer = tf.compat.v1.train.AdamOptimizer(learning_rate=learning_rate)
num_batches = int(data_loader.num_train_data // batch_size * num_epochs)
# 建立計算圖
```

```
X_placeholder = tf.compat.v1.placeholder(name='X', shape=[None, 28, 28, 1],
    dtype=tf.float32)
y_placeholder = tf.compat.v1.placeholder(name='y', shape=[None], dtype=tf.int32)
y_pred = model(X_placeholder)
loss = tf.keras.losses.sparse_categorical_crossentropy(y_true=y_placeholder,
y_pred=y_pred)
loss = tf.reduce_mean(loss)
train_op = optimizer.minimize(loss)
sparse_categorical_accuracy = tf.keras.metrics.SparseCategoricalAccuracy()
# 建立 Session
with tf.compat.v1.Session() as sess:
    sess.run(tf.compat.v1.global_variables_initializer())
    for batch_index in range(num_batches):
        X, y = data_loader.get_batch(batch_size)
        # 使用 Session.run()將資料送入計算圖節點，進行訓練以及計算損失函數
        _, loss_value = sess.run([train_op, loss], feed_dict={X_placeholder: X,
            y_placeholder: y})
        print("batch %d: loss %f" % (batch_index, loss_value))

    num_batches = int(data_loader.num_test_data // batch_size)
    for batch_index in range(num_batches):
        start_index, end_index = batch_index * batch_size, (batch_index + 1)
* batch_size
        y_pred = model.predict(data_loader.test_data[start_index: end_index])
        sess.run(sparse_categorical_accuracy.update_state(y_true=data_
loader.test_label
            [start_index: end_index], y_pred=y_pred))
    print("test accuracy: %f" % sess.run(sparse_categorical_accuracy.result()))
```

關於圖執行模式的更多內容可參見第 15 章。

4.6* tf.TensorArray：TensorFlow 動態陣列

在部分網路結構中，尤其是涉及時間序列的結構中，我們可能需要將一系列張量以陣列的方式依次存放起來，以供進一步處理。在即時執行模式下，你可以直接使用一個 Python 清單存放陣列，但如果你需要基於計算圖的特性（例如使用 @tf.function 加速模型運行或使用 SavedModel 匯出模型），就無法使用這種方式了。因此，TensorFlow 提供了 tf.TensorArray，它是一種支持計算圖特性的 TensorFlow 動態陣列，其宣告方式如下。

- arr = tf.TensorArray(dtype, size, dynamic_size=False)：宣告一個大小為 size，類型為 dtype 的 TensorArray arr。如果將 dynamic_size 參數設定為 True，則該陣列會自動增長空間。

其讀取和寫入的方法如下。

- write(index, value)：將 value 寫入陣列的第 index 個位置。
- read(index)：讀取陣列的第 index 個值。

除此以外，TensorArray 還包括 stack()、unstack() 等常用操作。

請注意，由於需要支援計算圖，tf.TensorArray 的 write() 方法是不可以忽略左值的！也就是説，在圖執行模式下，必須按照以下的形式寫入陣列：

```
arr = arr.write(index, value)
```

這樣才可以正常生成一個計算圖操作，並將該操作返回給 arr。而不可以寫成：

```
arr.write(index, value)        # 生成的計算圖操作沒有左值接收，從而遺失
```

一個簡單的範例如下：

```python
import tensorflow as tf

@tf.function
def array_write_and_read():
    arr = tf.TensorArray(dtype=tf.float32, size=3)
    arr = arr.write(0, tf.constant(0.0))
    arr = arr.write(1, tf.constant(1.0))
    arr = arr.write(2, tf.constant(2.0))
    arr_0 = arr.read(0)
    arr_1 = arr.read(1)
    arr_2 = arr.read(2)
    return arr_0, arr_1, arr_2

a, b, c = array_write_and_read()
print(a, b, c)
```

輸出程式如下：

```
tf.Tensor(0.0, shape=(), dtype=float32) tf.Tensor(1.0, shape=(), dtype=float32)
tf.Tensor(2.0, shape=(), dtype=float32)
```

▌ 4.7* tf.config：GPU 的使用與分配

在實際使用 TensorFlow 的過程中，我們往往會遇到一些與 GPU 資源相關的設定問題。為此，TensorFlow 提供了 tf.config 模組來幫助我們設定 GPU 的使用和分配方式。

4.7.1 指定當前程式使用的 GPU

很多時候的場景是：實驗室或公司研究小組裡有許多學生或研究員需要
共同使用一台多 GPU 的工作站，而在預設情況下，TensorFlow 會使用其
所能夠使用的所有 GPU，這時就需要合理分配顯示卡資源。

首先，透過 tf.config.list_physical_devices，我們可以獲得當前主機上某種
特定運算裝置類型（如 GPU 或 CPU）的列表。舉例來說，在一台具有 4
片 GPU 和一塊 CPU 的工作站上運行以下程式：

```
gpus = tf.config.list_physical_devices(device_type='GPU')
cpus = tf.config.list_physical_devices(device_type='CPU')
print(gpus, cpus)
```

輸出程式如下：

```
[PhysicalDevice(name='/physical_device:GPU:0', device_type='GPU'),
 PhysicalDevice(name='/physical_device:GPU:1', device_type='GPU'),
 PhysicalDevice(name='/physical_device:GPU:2', device_type='GPU'),
 PhysicalDevice(name='/physical_device:GPU:3', device_type='GPU')]
[PhysicalDevice(name='/physical_device:CPU:0', device_type='CPU')]
```

可見，該工作站具有 4 片 GPU（GPU:0、GPU:1、GPU:2、GPU:3）和一
塊 CPU（CPU:0）。

然後，透過 tf.config.experimental.set_visible_devices 可以設定當前程式可
見的裝置範圍（當前程式只會使用自己可見的裝置，不可見的裝置不會
被當前程式使用）。舉例來說，在上述的 4 卡機器中，若我們需要限定當
前程式只使用索引為 0 和 1 的兩片顯示卡（GPU:0 和 GPU:1），可以使用
以下程式：

```
gpus = tf.config.list_physical_devices(device_type='GPU')
tf.config.set_visible_devices(devices=gpus[0:2], device_type='GPU')
```

> **小技巧**
>
> 使用環境變數 CUDA_VISIBLE_DEVICES 也可以控制程式所使用的
> GPU。假設發現在 4 卡的機器上,GPU:0 和 GPU:1 在使用中,GPU:2
> 和 GPU:3 空閒,那麼在 Linux 終端輸入:
>
> ```
> export CUDA_VISIBLE_DEVICES=2,3
> ```
>
> 或在程式中加入:
>
> ```
> import os
> os.environ['CUDA_VISIBLE_DEVICES'] = "2,3"
> ```
>
> 即可指定程式只在 GPU:2 和 GPU:3 上運行。

4.7.2 設定顯示卡記憶體使用策略

在預設情況下,TensorFlow 將佔用幾乎所有可用的顯示卡記憶體,以避
免顯示卡記憶體使用碎片化所帶來的性能損失。不過,TensorFlow 提供
兩種顯示卡記憶體使用策略,讓我們能夠更靈活地控制程式的顯示卡記
憶體使用方式。

- 僅在需要時申請顯示卡記憶體空間(程式初始執行時期消耗很少的顯
  示卡記憶體,隨著程式的運行,動態申請顯示卡記憶體)。
- 限制消耗固定大小的顯示卡記憶體(程式不會超出限定的顯示卡記憶
  體大小,若超出則顯示出錯)。

我們可以透過 tf.config.experimental.set_memory_growth[2] 將 GPU 的顯示卡
記憶體使用策略設定為「僅在需要時申請顯示卡記憶體空間」。以下程式

2　此處的 API 具有 experimental 字首,在後續版本中可能變化。

將所有 GPU 設定為僅在需要時申請顯示卡記憶體空間：

```
gpus = tf.config.list_physical_devices(device_type='GPU')
for gpu in gpus:
    tf.config.experimental.set_memory_growth(device=gpu, enable=True)
```

以下程式透過 tf.config.set_virtual_device_configuration 選項，傳入 tf.config.
VirtualDeviceConfiguration 實例，設定 TensorFlow 固定消耗 GPU:0 的 1
GB 顯示卡記憶體（其實可以視為建立了一個顯示卡記憶體大小為 1 GB
的「虛擬 GPU」）：

```
gpus = tf.config.list_physical_devices(device_type='GPU')
tf.config.set_virtual_device_configuration(
    gpus[0],
    [tf.config.experimental.VirtualDeviceConfiguration(memory_limit=1024)])
```

> **⬇ 提示**
>
> 在 TensorFlow 1.x 的圖執行模式下，可以在實例化新的 Session 時傳入
> tf.compat.v1.ConfigPhoto 類別來設定 TensorFlow 使用顯示卡記憶體的策
> 略。具體方式是實例化一個 tf.ConfigProto 類別，設定參數，並在創建
> tf.compat.v1.Session 時指定 config 參數。以下程式透過 allow_growth 選
> 項設定 TensorFlow 僅在需要時申請顯示卡記憶體空間：
>
> ```
> config = tf.compat.v1.ConfigProto()
> config.gpu_options.allow_growth = True
> sess = tf.compat.v1.Session(config=config)
> ```
>
> 以下程式透過 per_process_gpu_memory_fraction 選項設定 TensorFlow 固
> 定消耗 40% 的 GPU 顯示卡記憶體：
>
> ```
> config = tf.compat.v1.ConfigProto()
> config.gpu_options.per_process_gpu_memory_fraction = 0.4
> tf.compat.v1.Session(config=config)
> ```

4.7.3 單 GPU 模擬多 GPU 環境

也許我們的本地開發環境只有一個 GPU，但有時需要編寫多 GPU 的程式並在工作站上進行訓練任務，TensorFlow 為我們提供了一個方便的功能，可以讓我們在本地開發環境中建立多個模擬 GPU，從而讓多 GPU 的程式偵錯變得更加方便。以下程式在實體 GPU（GPU:0）的基礎上建立了兩個顯示卡記憶體均為 2 GB 的虛擬 GPU：

```
gpus = tf.config.list_physical_devices('GPU')
tf.config.set_virtual_device_configuration(
    gpus[0],
    [tf.config.VirtualDeviceConfiguration(memory_limit=2048),
     tf.config.VirtualDeviceConfiguration(memory_limit=2048)])
```

如果我們在 9.1 節的程式前加入以上程式，就可以讓原本為多 GPU 設計的程式在單 GPU 環境下運行。當輸出裝置數量時，程式會輸出以下程式式：

```
Number of devices: 2
```

第二篇

部署篇

TensorFlow 模型匯出

為了將訓練好的機器學習模型部署到各個目標平台（如伺服器、行動端、嵌入式裝置和瀏覽器等），我們的第一步往往是將訓練好的整個模型完整匯出（序列化）為一系列標準格式的檔案。在此基礎上，我們才可以在不同的平台上使用相對應的部署工具來部署模型檔案。TensorFlow 提供了統一模型匯出格式 SavedModel，這是我們在 TensorFlow 2 中主要使用的匯出格式。這樣我們可以以這一格式為仲介，將訓練好的模型部署在多種平台上。同時，基於歷史原因，Keras 的 Sequential 和 Functional 模式也有自有的模型匯出格式，我們也一併介紹。

5.1 使用 SavedModel 完整匯出模型

在 4.1 節中，我們介紹了 Checkpoint，它可以幫助我們保存和恢復模型中參數的權值。而作為模型匯出格式的 SavedModel 則更進一步，它包含了一個 TensorFlow 程式的完整資訊：不僅包含參數的權值，還包含計算的流程（計算圖）。當模型匯出為 SavedModel 檔案時，無須模型的原始程式碼即可再次運行模型，這使得 SavedModel 尤其適用於模型的分享和部署。後文的 TensorFlow Serving（伺服器端部署模型）、TensorFlow Lite（行動端部署模型）以及 TensorFlow.js 都會用到這一格式。

Keras 模型均可以方便地匯出為 SavedModel 格式。不過需要注意的是，因為 SavedModel 基於計算圖，所以對透過繼承 tf.keras.Model 類別建立的 Keras 模型來說，需要匯出為 SavedModel 格式的方法（比如 call）都需要使用 @tf.function 修飾（@tf.function 的使用方式見 4.5 節）。然後，假設我們有一個名為 model 的 Keras 模型，使用下面的程式即可將模型匯出為 SavedModel：

```
tf.saved_model.save(model, "保存的目的檔案夾名稱")
```

在需要載入 SavedModel 檔案時，使用下面的程式即可：

```
model = tf.saved_model.load("保存的目的檔案夾名稱")
```

> 📥 **提示**
>
> 對於透過繼承 tf.keras.Model 類別建立的 Keras 模型 model，使用 SavedModel 載入後，將無法使用 model() 直接進行推斷，而需要使用 model.call()。

以下是一個簡單的範例，將 3.2 節 MNIST 手寫體辨識模型進行匯出和匯入。匯出模型到 saved/1 資料夾的程式如下：

```
import tensorflow as tf
from zh.model.utils import MNISTLoader

num_epochs = 1
batch_size = 50
learning_rate = 0.001

model = tf.keras.models.Sequential([
    tf.keras.layers.Flatten(),
    tf.keras.layers.Dense(100, activation=tf.nn.relu),
```

```
    tf.keras.layers.Dense(10),
    tf.keras.layers.Softmax()
])

data_loader = MNISTLoader()
model.compile(
    optimizer=tf.keras.optimizers.Adam(learning_rate=0.001),
    loss=tf.keras.losses.sparse_categorical_crossentropy,
    metrics=[tf.keras.metrics.sparse_categorical_accuracy]
)
model.fit(data_loader.train_data, data_loader.train_label, epochs=num_epochs,
    batch_size=batch_size)
tf.saved_model.save(model, "saved/1")
```

將 saved/1 中的模型匯入並測試性能：

```
import tensorflow as tf
from zh.model.utils import MNISTLoader

batch_size = 50

model = tf.saved_model.load("saved/1")
data_loader = MNISTLoader()
sparse_categorical_accuracy = tf.keras.metrics.SparseCategoricalAccuracy()
num_batches = int(data_loader.num_test_data // batch_size)
for batch_index in range(num_batches):
    start_index, end_index = batch_index * batch_size, (batch_index + 1) *
batch_size
    y_pred = model(data_loader.test_data[start_index: end_index])
    sparse_categorical_accuracy.update_state(y_true=data_loader.test_label
[start_index:
        end_index], y_pred=y_pred)
print("test accuracy: %f" % sparse_categorical_accuracy.result())
```

輸出結果如下：

```
test accuracy: 0.952000
```

透過繼承 tf.keras.Model 類別建立的 Keras 模型同樣可以以相同的方法匯出，僅需要注意 call 方法需要以 @tf.function 修飾，以轉化為 SavedModel 支援的計算圖，程式如下：

```
class MLP(tf.keras.Model):
    def __init__(self):
        super().__init__()
        self.flatten = tf.keras.layers.Flatten()
        self.dense1 = tf.keras.layers.Dense(units=100, activation=tf.nn.relu)
        self.dense2 = tf.keras.layers.Dense(units=10)

    @tf.function
    def call(self, inputs):            # [batch_size, 28, 28, 1]
        x = self.flatten(inputs)       # [batch_size, 784]
        x = self.dense1(x)             # [batch_size, 100]
        x = self.dense2(x)             # [batch_size, 10]
        output = tf.nn.softmax(x)
        return output

model = MLP()
...
```

模型匯入並測試性能的過程也相同，注意模型推斷時需要顯性呼叫 call 方法，即使用以下程式：

```
...
y_pred = model.call(data_loader.test_data[start_index: end_index])
...
```

5.2 Keras 自有的模型匯出格式

由於歷史原因，我們在有些場景下也會用到 Keras 的 Sequential 和 Functional 模式的自有模型匯出格式。這裡我們以使用 Keras 的 Sequential 模式的官方的 MNIST 模型作為範例，原始程式位址：

```
https://github.com/keras-team/keras/blob/master/examples/mnist_cnn.py
```

以上程式基於 Keras 的 Sequential 模式建置了多層的卷積神經網路，並進行訓練。為了方便起見，可使用以下命令複製到本地：

```
curl -LO https://raw.githubusercontent.com/keras-team/keras/master/examples/
mnist_cnn.py
```

然後在最後加一行程式，對 Keras 訓練完畢的模型使用自有格式進行保存：

```
model.save('mnist_cnn.h5')
```

在終端中執行 mnist_cnn.py 檔案，如下：

```
python mnist_cnn.py
```

> 💣 警告
>
> 以上過程需要連接網路獲取 mnist.npz 檔案，該檔案會被保存到 $HOME/.keras/datasets/ 目錄下。如果網路連接存在問題，則可以透過其他方式獲取 mnist.npz 後，直接保存到該目錄下即可。

執行過程會比較久，執行結束後，會在目前的目錄下產生 mnist_cnn.h5 檔案（HDF5 格式），即 Keras 訓練後的模型，其中已經包含了訓練後的模型結構和權重等資訊。

在伺服器端，可以直接透過 keras.models.load_model("mnist_cnn.h5")
載入，然後進行推理；在行動裝置上，需要將 HDF5 模型檔案轉為
TensorFlow Lite 格式，然後透過對應平台的解譯器載入，接著進行推理。

Chapter

06

TensorFlow Serving

模型訓練完畢後，我們往往需要將它部署在生產環境中。最常見的
方式是在伺服器上提供一個 API，即客戶端裝置向伺服器的某個
API 發送特定格式的請求，伺服器收到請求資料後透過模型進行計算，
並返回結果。如果僅是做一個 Demo，不考慮高併發和性能問題，其實配
合 Flask 等 Python 下的 Web 框架就能非常輕鬆地實現伺服器 API。如果
是在實際生產環境中部署模型，那麼這樣的方式就顯得力不從心了。這
時，TensorFlow 為我們提供了 TensorFlow Serving 元件，能夠幫助我們在
實際生產環境中靈活且高性能地部署機器學習模型。

▋ 6.1 TensorFlow Serving 安裝

TensorFlow Serving 可以使用 apt-get 或 Docker 安裝。在生產環境中，推
薦使用 Docker 部署 TensorFlow Serving。不過此處出於教學目的，我們
來介紹依賴環境較少的 apt-get 安裝方式。

> 💣 警告
>
> 軟體的安裝方法往往具有時效性，本節的更新日期為 2019 年 8 月。若
> 遇到問題，建議參考 TensorFlow 官網上的最新安裝說明操作。

首先設定安裝來源：

```
# 增加Google的 TensorFlow Serving 來源
echo "deb [arch=amd64] http://storage.googleapis.com/tensorflow-serving-apt
stable tensorflow-model-server tensorflow-model-server-universal" | sudo tee
/etc/apt/sources.
    list.d/tensorflow-serving.list
# 增加 gpg key
curl https://storage.googleapis.com/tensorflow-serving-apt/tensorflow-
serving.release.pub.
    gpg | sudo apt-key add -
```

然後更新來源，接著就可以使用 apt-get 安裝 TensorFlow Serving 了：

```
sudo apt-get update
sudo apt-get install tensorflow-model-server
```

⬇ 提示

在運行 curl 和 apt-get 命令時，可能需要設定代理。cURL 設定代理有兩
種方式，使用 -x 選項或設定 http_proxy 環境變數，即：

```
curl -x http://代理伺服器 IP:通訊埠 URL
```

或

```
export http_proxy=http://代理伺服器 IP:通訊埠
```

apt-get 使用 -o 選項設定代理，即：

```
sudo apt-get -o Acquire::http::proxy="http://代理伺服器 IP:通訊埠" ...
```

在 Windows 10 系統下，可以在 Linux 子系統（WSL）內使用相同的方
式安裝 TensorFlow Serving。

▌ 6.2 TensorFlow Serving 模型部署

TensorFlow Serving 可以直接讀取 SavedModel 格式的模型進行部署（匯出模型到 SavedModel 檔案的方法見 5.1 節），使用以下命令即可：

```
tensorflow_model_server \
   --rest_api_port=通訊埠編號（如 8501）\
   --model_name=模型名 \
   --model_base_path="SavedModel 格式模型的資料夾絕對位址（不含版本編號）"
```

◎ 註釋

TensorFlow Serving 支援熱更新模型，其典型的模型資料夾結構如下：

```
/saved_model_files
    /1       # 版本編號為 1 的模型檔案
      /assets
      /variables
      saved_model.pb
    ...
    /N       # 版本編號為 N 的模型檔案
      /assets
      /variables
      saved_model.pb
```

上面 1~N 的子資料夾代表不同版本編號的模型。當指定 --model_base_path 時，只需要指定根目錄的絕對位址（不是相對位址）即可。舉例來說，如果上述資料夾結構存放在 home/snowkylin 資料夾內，則 --model_base_path 應當設定為 home/snowkylin/saved_model_files（不附帶模型版本編號）。TensorFlow Serving 會自動選擇版本編號最大的模型進行載入。

6.2.1 Keras Sequential 模式模型的部署

由於 Sequential 模式的輸入和輸出都很固定，所以這種類型的模型很容易部署，無須其他額外操作。舉例來說，要將使用 SavedModel 匯出的 MNIST 手寫體辨識模型（使用 Keras Sequential 模式建立）以 MLP 的模型名在 8501 通訊埠進行部署，可以直接使用以下命令：

```
tensorflow_model_server \
    --rest_api_port=8501 \
    --model_name=MLP \
    --model_base_path="/home/.../.../saved"  # 資料夾絕對位址根據自身情況填
寫，無須加入版本編號
```

然後就可以按照 6.3 節的介紹，使用 gRPC 或 RESTful API 在用戶端呼叫模型了。

6.2.2 自訂 Keras 模型的部署

透過繼承 tf.keras.Model 類別建立的自訂 Keras 模型的自由度相對高些，因此當使用 TensorFlow Serving 部署模型時，對匯出的 SavedModel 檔案也有更多的要求。

(1) 需要匯出為 SavedModel 格式的方法（比如 call）不僅需要使用 @tf.function 修飾，還要在修飾時指定 input_signature 參數，以顯性說明輸入的形狀。該參數傳入一個由 tf.TensorSpec 組成的列表，指定每個輸入張量的形狀和類型。舉例來說，對於 MNIST 手寫體數字辨識，我們的輸入是一個四維張量 [None, 28, 28, 1]（第一維為 None 表示批次的大小不固定），此時我們可以將模型的 call 方法做以下修飾：

```
class MLP(tf.keras.Model):
    ...

    @tf.function(input_signature=[tf.TensorSpec([None, 28, 28, 1], tf.float32)])
    def call(self, inputs):
        ...
```

(2) 在使用 tf.saved_model.save 匯出模型時，需要透過 signature 參數提供
待匯出的函數的簽名（signature）。簡單説來，由於自訂的模型類別裡可
能有多個方法都需要匯出，所以需要告訴 TensorFlow Serving 每個方法在
被用戶端呼叫分時別叫什麼名字。舉例來説，如果我們希望用戶端在呼
叫模型時使用 call 這一簽名來呼叫 model.call 方法，那麼我們可以在匯出
時傳入 signature 參數，以 dict 鍵值對的形式告知匯出方法對應的簽名，
程式如下：

```
model = MLP()
...
tf.saved_model.save(model, "saved_with_signature/1", signatures={"call":
model.call})
```

以上兩步均完成後，即可使用以下命令部署：

```
tensorflow_model_server \
    --rest_api_port=8501 \
    --model_name=MLP \
    --model_base_path="/home/.../.../saved_with_signature"  # 修改為自己模型
的絕對位址
```

▍6.3 在用戶端呼叫以 TensorFlow Serving 部署的模型

TensorFlow Serving 支援使用 gRPC 方法和 RESTful API 方法呼叫以 TensorFlow Serving 部署的模型。本書主要介紹較為通用的 RESTful API 方法。

RESTful API 以標準的 HTTP POST 方法進行互動，請求和回覆均為 JSON 物件。為了呼叫伺服器端的模型，我們在用戶端向伺服器發送以下格式的請求。

伺服器 URI：http:// 伺服器位址 : 通訊埠編號 /v1/models/ 模型名 :predict

請求內容：

```
{
    "signature_name": "需要呼叫的函數名稱(Sequential 模式不需要)",
    "instances": 輸入資料
}
```

回覆：

```
{
    "predictions": 返回值
}
```

下面我們以 Python 和 Node.js 為例，展示用戶端使用 RESTful API 呼叫模型的方法。

6.3.1 Python 用戶端範例

以下範例使用 Python 的 Requests 函數庫（你可能需要使用 pip install requests 安裝該函數庫）向本機的 TensorFlow Serving 伺服器發送 MNIST 測試集的前 10 幅圖型並返回預測結果，同時與測試集的真實標籤進行比較：

```python
import json
import numpy as np
import requests
from zh.model.utils import MNISTLoader

data_loader = MNISTLoader()
data = json.dumps({
    "instances": data_loader.test_data[0:3].tolist()
    })
headers = {"content-type": "application/json"}
json_response = requests.post(
    'http://localhost:8501/v1/models/MLP:predict',
    data=data, headers=headers)
predictions = np.array(json.loads(json_response.text)['predictions'])
print(np.argmax(predictions, axis=-1))
print(data_loader.test_label[0:10])
```

輸出為：

```
[7 2 1 0 4 1 4 9 6 9]
[7 2 1 0 4 1 4 9 5 9]
```

可見預測結果與真實標籤值非常接近。

對於自訂的 Keras 模型，在發送的資料中加入 signature_name 鍵值即可，也就是説將上面程式的 data 建立過程改為：

```
data = json.dumps({
    "signature_name": "call",
    "instances": data_loader.test_data[0:10].tolist()
    })
```

6.3.2 Node.js 用戶端範例

下面的範例將使用 Node.js 把圖 6-1 轉為 28 畫素 ×28 畫素的灰階圖，然後發送給本機的 TensorFlowServing 伺服器，並輸出返回的預測值和機率。

圖 6-1　一個由作者手寫的數字 5

其中使用了影像處理函數庫 jimp 和 HTTP 函數庫 superagent，可使用 npm install jimp 和 npm install superagent 安裝。程式如下：

```
const Jimp = require('jimp')
const superagent = require('superagent')

const url = 'http://localhost:8501/v1/models/MLP:predict'

const getPixelGrey = (pic, x, y) => {
    const pointColor = pic.getPixelColor(x, y)
    const { r, g, b } = Jimp.intToRGBA(pointColor)
    const gray = +(r * 0.299 + g * 0.587 + b * 0.114).toFixed(0)
    return [ gray / 255 ]
}
```

```
const getPicGreyArray = async (fileName) => {
    const pic = await Jimp.read(fileName)
    const resizedPic = pic.resize(28, 28)
    const greyArray = []
    for ( let i = 0; i < 28; i ++ ) {
        let line = []
        for (let j = 0; j < 28; j ++) {
            line.push(getPixelGrey(resizedPic, j, i))
        }
        console.log(line.map(_ => _ > 0.3 ? ' ' : '1').join(' '))
        greyArray.push(line)
    }
    return greyArray
}


const evaluatePic = async (fileName) => {
    const arr = await getPicGreyArray(fileName)
    const result = await superagent.post(url)
        .send({
            instances: [arr]
        })
    result.body.predictions.map(res => {
        const sortedRes = res.map((_, i) => [_, i])
        .sort((a, b) => b[0] - a[0])
        console.log(`我們猜這個數字是${sortedRes[0][1]}，機率是${sortedRes
[0][0]}`)
    })
}

evaluatePic('test_pic_tag_5.png')
```

上面程式的運行結果為：

```
1 1 1 1 1 1 1 1 1 1 1 1 1 1 1 1 1 1 1 1 1 1 1 1 1 1
1 1 1 1 1 1 1 1 1 1 1 1 1 1 1 1 1 1 1 1 1 1 1 1 1 1
1 1 1 1 1 1 1 1 1 1 1 1 1     1 1 1 1 1 1 1 1 1 1 1
1 1 1 1 1 1 1 1 1 1 1 1 1     1 1 1 1 1 1 1 1 1 1 1
1 1 1 1 1 1 1 1 1 1 1 1     1 1 1 1 1 1 1 1 1 1 1 1
1 1 1 1 1 1 1 1 1 1 1         1 1 1 1 1 1 1 1 1 1 1
1 1 1 1 1 1 1 1 1 1           1 1 1 1 1 1 1 1 1 1 1
1 1 1 1 1 1 1 1 1 1     1 1 1 1 1 1 1 1 1 1 1 1 1 1
1 1 1 1 1 1 1 1 1       1 1 1 1 1 1 1 1 1 1 1 1 1 1
1 1 1 1 1 1 1 1 1       1 1 1 1 1 1 1 1 1 1 1 1 1 1
1 1 1 1 1 1 1 1 1       1 1 1 1 1 1 1 1 1 1 1 1 1 1
1 1 1 1 1 1 1 1         1 1 1 1 1 1 1 1 1 1 1 1 1 1
1 1 1 1 1 1 1 1     1         1 1 1 1 1 1 1 1 1 1 1
1 1 1 1 1 1 1                 1 1 1 1 1 1 1 1 1 1 1
1 1 1 1 1 1 1         1 1 1 1 1 1       1 1 1 1 1 1
1 1 1 1 1 1 1 1 1 1 1 1 1 1 1 1         1 1 1 1 1 1
1 1 1 1 1 1 1 1 1 1 1 1 1 1 1           1 1 1 1 1 1
1 1 1 1 1 1 1 1 1 1 1 1 1 1             1 1 1 1 1 1
1 1 1 1 1 1 1 1 1 1 1 1 1 1 1 1 1       1 1 1 1 1 1
1 1 1 1 1 1 1 1 1 1 1 1 1 1 1 1         1 1 1 1 1 1
1 1 1 1 1 1 1 1 1 1 1 1 1 1             1 1 1 1 1 1
1 1 1 1 1 1     1 1 1             1 1 1 1 1 1 1 1 1
1 1 1 1 1 1                   1 1 1 1 1 1 1 1 1 1 1
1 1 1 1 1 1 1         1 1 1 1 1 1 1 1 1 1 1 1 1 1 1
1 1 1 1 1 1 1 1 1 1 1 1 1 1 1 1 1 1 1 1 1 1 1 1 1 1
1 1 1 1 1 1 1 1 1 1 1 1 1 1 1 1 1 1 1 1 1 1 1 1 1 1
1 1 1 1 1 1 1 1 1 1 1 1 1 1 1 1 1 1 1 1 1 1 1 1 1 1
1 1 1 1 1 1 1 1 1 1 1 1 1 1 1 1 1 1 1 1 1 1 1 1 1 1
```

我們猜這個數字是 5，機率是 0.846008837

可見輸出結果符合預期。

🟦 註釋

HTTP POST 是使用 HTTP 協定在客戶端裝置和伺服器之間進行請求－
回應時的常用請求方法。舉例來說，當你用瀏覽器填寫表單（比方說性
格測試），點擊「提交」按鈕，然後獲得返回結果（比如說「你的性格
是 ISTJ」）時，就很有可能是在向伺服器發送一個 HTTP POST 請求並獲
得了伺服器的回覆。

TensorFlow Lite

TensorFlow Lite（簡稱 TF Lite）是 TensorFlow 在行動和 IoT 等邊緣裝置端的解決方案，提供了 Java、Python 和 C++ API 函數庫，可以運行在 Android、iOS 和 Raspberry Pi 等裝置上。2019 年是 5G 元年，萬物互聯的時代已經來臨。作為 TensorFlow 在邊緣裝置上的基礎設施，TensorFlow Lite 將扮演愈發重要的角色。

目前，TensorFlow Lite 只提供了推理功能，在伺服器端進行訓練後，經過以下簡單處理即可部署到邊緣裝置上。

- 模型轉換：由於邊緣裝置等運算資源有限，使用 TensorFlow 訓練好的模型太大、運行效率比較低，不能直接在行動端部署，需要透過對應工具轉換成適合邊緣裝置的格式。
- 邊緣裝置部署：本節以 Android 為例，簡單介紹如何在 Android 應用中部署轉化後的模型，完成 MNIST 圖片的辨識。

▌ 7.1 模型轉換

模型轉換工具有兩種：命令列工具和 Python API。

TensorFlow 2 的模型轉換工具發生了非常大的變化，我推薦大家使用 Python API 進行轉換（因為命令列工具只提供了基本的轉化功能），轉換後的原模型為 FlatBuffers 格式。FlatBuffers 原來主要應用於遊戲場景，是 Google 為了高性能場景創建的序列化函數庫，比 Protocol Buffer 有高性能和輕量性等優勢，更適合邊緣裝置部署。

轉換方式有兩種：Float 格式和 Quantized 格式。為了熟悉它們，兩種方式我們都會使用。針對 Float 格式，先使用命令列工具 tflite_convert，它是跟隨 TensorFlow 一起安裝的（詳見 1.1 節）。在終端執行以下命令：

```
tflite_convert -h
```

這時會輸出該命令的使用方法，結果如下：

```
usage: tflite_convert [-h] --output_file OUTPUT_FILE
                      (--saved_model_dir SAVED_MODEL_DIR | --keras_model_
file KERAS_MODEL_FILE)
  --output_file OUTPUT_FILE
                      Full filepath of the output file.
  --saved_model_dir SAVED_MODEL_DIR
                      Full path of the directory containing the SavedModel.
  --keras_model_file KERAS_MODEL_FILE
                      Full filepath of HDF5 file containing tf.Keras model.
```

透過第 5 章的學習，我們知道 TensorFlow 2 支援兩種模型匯出格式：SavedModel 和 Keras 自有模型。

使用 SavedModel 模型匯出格式得到 TensorFlow Lite 模型，程式如下：

```
tflite_convert --saved_model_dir=saved/1 --output_file=mnist_savedmodel.tflite
```

使用 Keras 自有的模型匯出格式得到 TensorFlow Lite 模型，程式如下：

```
tflite_convert --keras_model_file=mnist_cnn.h5 --output_file=
mnist_sequential.tflite
```

到此，我們已經得到兩個 TensorFlow Lite 模型。因為兩者後續操作基本一致，我們在後面只介紹 SavedModel 格式的，Keras 自有的模型匯出格式可以按類似方法處理。

7.2 TensorFlow Lite Android 部署

現在開始在 Android 環境下部署 TensorFlow Lite。因為需要獲取 SDK 和 Gradle 編譯環境等資源，所以先給 Android Studio 設定 proxy。

環境設定和關鍵程式具體如下。

(1) 設定 build.gradle。將 build.gradle 中的 maven 來源 google() 和 jcenter() 分別替換為較快速的映像檔，如下：

```
buildscript {

    repositories {
        maven { url 'https://maven.aliyun.com/nexus/content/repositories/
google' }
        maven { url 'https://maven.aliyun.com/nexus/content/repositories/
jcenter' }
    }
    dependencies {
```

```
      classpath 'com.android.tools.build:gradle:3.5.1'
   }
}


allprojects {
   repositories {
      maven { url 'https://maven.aliyun.com/nexus/content/repositories/
google' }
      maven { url 'https://maven.aliyun.com/nexus/content/repositories/
jcenter' }
   }
}
```

(2) 設定 app/build.gradle。新建一個 Android 專案，打開 app/build.gradle
並增加以下資訊：

```
android {
   aaptOptions {
      noCompress "tflite" // 編譯 APK 時，不壓縮 tflite 檔案
   }
}


dependencies {
   implementation 'org.tensorflow:tensorflow-lite:1.14.0'
}
```

在上面的程式中，我們使用 aaptOptions 設定不壓縮 tflite 檔案，這是為了
確保後面的 tflite 檔案可以被解譯器正確載入。org.tensorflow:tensorflow-
lite 的最新版本編號可以在相關網址查詢。

修改 Gradle 設定檔後，在 Android Studio 的工具列中選擇 File → Sync
Project with Gradle Files，以觸發 Gradle Sync。然後，在工具列中選擇

Build → Make Project，以觸發專案編譯。這兩個操作都比較漫長，請耐心等待。如果編譯成功，則說明設定成功。

設定好後，同步並編譯整個專案，如果編譯成功，則說明設定成功。

(3) 將 tflite 檔案增加到 assets 資料夾中。在 app 目錄下新建 assets 目錄，並將 mnist_savedmodel.tflite 檔案保存到 assets 目錄。重新編譯 APK，檢查新編譯出來的 APK 的 assets 資料夾中是否有 mnist_cnn.tflite 檔案。

點擊選單 Build → Build APK(s) 觸發 APK 編譯，待 APK 編譯成功後，點擊右下角的 Event Log。接著，點擊最後一筆資訊中的 analyze 連結，此時會觸發 APK Analyzer 查看新編譯出來的 APK。若在 assets 目錄下存在 mnist_savedmodel.tflite，則編譯打包成功：

```
assets
    |__mnist_savedmodel.tflite
```

(4) 載入模型。使用以下函數將 mnist_savedmodel.tflite 檔案載入到 memory-map 中，作為 Interpreter 實例化的輸入：

```
/** 將 Assets 中的模型映射到記憶體中 */
private MappedByteBuffer loadModelFile(Activity activity) throws IOException {
    AssetFileDescriptor fileDescriptor = activity.getAssets().openFd(mModelPath);
    FileInputStream inputStream = new FileInputStream(fileDescriptor.
getFileDescriptor());
    FileChannel fileChannel = inputStream.getChannel();
    long startOffset = fileDescriptor.getStartOffset();
    long declaredLength = fileDescriptor.getDeclaredLength();
    return fileChannel.map(FileChannel.MapMode.READ_ONLY, startOffset,
declaredLength);
}
```

📥 提示

memory-map 可以把整個檔案映射到記憶體中，用於提升 TensorFlow
Lite 模型的讀取性能。

其中，activity 是為了從 assets 中獲取模型，因為我們把模型編譯到 assets
中，只能透過 getAssets() 打開：

```
mTFLite = new Interpreter(loadModelFile(activity));
```

記憶體映射後的 MappedByteBuffer 直接作為 Interpreter 的輸入，mTFLite
（Interpreter）就是轉換後模型的運行載體。

(5) 運行輸入。我們使用 MNIST 測試集中的圖片作為輸入，將 MNIST 圖
型大小設為 28 畫素 × 28 畫素，因此我們輸入的資料需要設定成以下格
式：

```
// Float 模型相關參數
// com/dpthinker/mnistclassifier/model/FloatSavedModelConfig.java
protected void setConfigs() {
    setModelName("mnist_savedmodel.tflite");

    setNumBytesPerChannel(4);

    setDimBatchSize(1);
    setDimPixelSize(1);

    setDimImgWeight(28);
    setDimImgHeight(28);

    setImageMean(0);
    setImageSTD(255.0f);
```

```
}

// 初始化
// com/dpthinker/mnistclassifier/classifier/BaseClassifier.java
private void initConfig(BaseModelConfig config) {
    this.mModelConfig = config;
    this.mNumBytesPerChannel = config.getNumBytesPerChannel();
    this.mDimBatchSize = config.getDimBatchSize();
    this.mDimPixelSize = config.getDimPixelSize();
    this.mDimImgWidth = config.getDimImgWeight();
    this.mDimImgHeight = config.getDimImgHeight();
    this.mModelPath = config.getModelName();
}
```

將 MNIST 圖片轉化成 ByteBuffer，並保存到 imgData（ByteBuffer）中，程式如下：

```
// 將輸入的 Bitmap 轉化為 Interpreter 可以辨識的 ByteBuffer
// com/dpthinker/mnistclassifier/classifier/BaseClassifier.java
protected ByteBuffer convertBitmapToByteBuffer(Bitmap bitmap) {
    int[] intValues = new int[mDimImgWidth * mDimImgHeight];
    scaleBitmap(bitmap).getPixels(intValues,
        0, bitmap.getWidth(), 0, 0, bitmap.getWidth(), bitmap.getHeight());

    ByteBuffer imgData = ByteBuffer.allocateDirect(
        mNumBytesPerChannel * mDimBatchSize * mDimImgWidth * mDimImgHeight *
mDimPixelSize);
    imgData.order(ByteOrder.nativeOrder());
    imgData.rewind();

    // 將 imageData 中的數值從 int 類型轉為 float 類型
    int pixel = 0;
```

```
    for (int i = 0; i < mDimImgWidth; ++i) {
        for (int j = 0; j < mDimImgHeight; ++j) {
            int val = intValues[pixel++];
            mModelConfig.addImgValue(imgData, val); // 把 Pixel 數值轉化並增
加到 ByteBuffer
        }
    }
    return imgData;
}


// mModelConfig.addImgValue 的定義
// com/dpthinker/mnistclassifier/model/FloatSavedModelConfig.java
public void addImgValue(ByteBuffer imgData, int val) {
    imgData.putFloat(((val & 0xFF) - getImageMean()) / getImageSTD());
}
```

convertBitmapToByteBuffer 的輸出為模型運行的輸入。

(6) 運行輸出。定義一個 1×10 的多維陣列（因為 MNIST 資料集只有 10 個標籤），具體程式如下：

```
privateFloat[][] mLabelProbArray = newFloat[1][10];
```

運行結束後，每個二級元素都是一個 Label 的機率。

(7) 運行及結果處理。運行模型，具體程式如下：

```
mTFLite.run(imgData, mLabelProbArray);
```

針對某個圖片，運行後 mLabelProbArray 的內容就是各 Label 辨識的機率。對它們進行排序，找出準確率最高的並呈現在介面上。.

在 Android 應用中，我使用了 View.OnClickListener() 觸發 image/* 類型的 Intent.ACTION_GET_CONTENT，進而獲取裝置上的圖片（只支援

MNIST 標準圖片）。然後，透過 RadioButtion 的選擇情況，確認載入哪種轉換後的模型，並觸發真正的分類操作。這部分比較簡單，讀者可自行閱讀程式，這裡不再多作說明。

從 MNIST 測試集中選取一張圖片進行測試，得到的結果如圖 7-1 所示。

圖 7-1　測試結果

> 📥 提示
>
> 注意這裡直接用 mLabelProbArray 數值中的 index 作為 Label 了，因為 MNIST 的 Label 跟 index 從 0 到 9 完全匹配。如果是其他的分類問題，則需要根據實際情況進行轉換。

▌7.3 TensorFlow Lite Quantized 模型轉換

> 📥 **提示**
>
> 預設的模型一般都是 float 類型的，Quantized 模型將原始模型轉化為了 uint8 類型。轉化後的模型體積更小、運行速度更快，但是精度會有所下降，通常可保持在可接受範圍。一般來説行動裝置或 IoT 裝置需要使用 Quantized 模型。

前面我們介紹了 Float 模型的轉換方法，接下來我們要展示 Quantized 模型。在 TensorFlow 1.x 上，我們可以使用命令列工具轉換 Quantized 模型。從我嘗試的情況來看，在 TensorFlow 2 上，命令列工具目前只能轉為 Float 模型，Python API 預設轉為 Quantized 模型。

Python API 的轉換方法如下：

```
import tensorflow as tf

converter = tf.lite.TFLiteConverter.from_saved_model('saved/1')
converter.optimizations = [tf.lite.Optimize.DEFAULT]
tflite_quant_model = converter.convert()
open("mnist_savedmodel_quantized.tflite", "wb").write(tflite_quant_model)
```

最終轉換後的 Quantized 模型為同級目錄下的 mnist_savedmodel_quantized.tflite。

相對 TensorFlow 1.x，上面的方法簡化了很多，不需要考慮各種各樣的參數，而 Google 也一直在最佳化開發者的使用體驗。

在 TensorFlow 1.x 上，我們可以使用 tflite_convert 獲得模型的具體結構，然後透過 Graphviz 將其轉為 .pdf 或 .png 等格式的檔案，方便查看。在

TensorFlow 2 上，提供了一步合格的新工具 visualize.py，它可以直接將其轉為 .html 檔案。除了模型結構，還有更清晰的關鍵資訊複習。

📥 提示

目前來看，visualize.py 應該還在開發階段。使用前，需要先從 GitHub 上下載最新的 TensorFlow 和 FlatBuffers 原始程式，並且兩者要在同一目錄，因為 visualize.py 的原始程式是按兩者在同一目錄寫入的呼叫路徑。

下載 TensorFlow 的命令如下：

```
git clone git@github.com:tensorflow/tensorflow.git
```

下載 FlatBuffers 的命令如下：

```
git clone git@github.com:google/flatbuffers.git
```

編譯 FlatBuffers 的步驟以下（我使用的是 macOS 作業系統，其他平台請大家自行設定）。

(1) 下載 cmake：執行 brew install cmake。
(2) 設定編譯環境：在 FlatBuffers 的根目錄下執行 cmake -G "Unix Makefiles" -DCMAKE_BUILD_TYPE=Release。
(3) 編譯：在 FlatBuffers 的根目錄下執行 make。

編譯完成後，會在根目錄下生成 flatc，這個可執行檔是 visualize.py 運行所依賴的。

❏ visualize.py 的使用方法

在 tensorflow/tensorflow/lite/tools 目錄下，執行以下命令：

```
python visualize.py mnist_savedmodel_quantized.tflite mnist_savedmodel_
quantized.html
```

可以生成視覺化報告的關鍵資訊，如圖 7-2 所示。

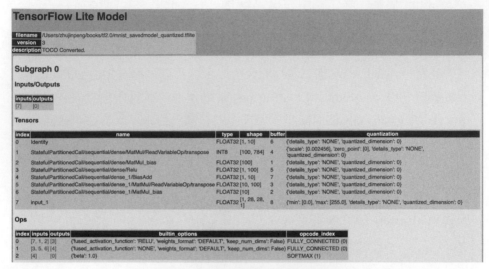

圖 7-2　視覺化報告的關鍵資訊

模型 mnist_savedmodel_quantized.tflite 的結構如圖 7-3 所示。

可見，Input 和 Output 格式都是 FLOAT32 的多維陣列，Input 的 min 和 max 分別是 0.0 和 255.0。

跟 Float 模型相比，Input 和 Output 的格式是一致的，所以可以重複使用 Float 模型部署 Android 過程中的設定。

⬆ 提示

暫時不確定這裡是否是 TensorFlow 2 上的最佳化，如果是這樣的話，那麼對開發者來說會非常友善，因為歸一化了 Float 和 Quantized 的模型處理。

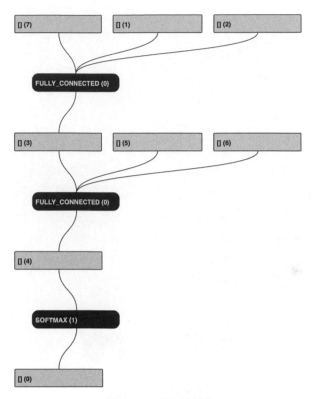

圖 7-3　模型結構

具體設定如下：

```java
// Quantized 模型相關參數
// com/dpthinker/mnistclassifier/model/QuantSavedModelConfig.java
public class QuantSavedModelConfig extends BaseModelConfig {
    @Override
    protected void setConfigs() {
        setModelName("mnist_savedmodel_quantized.tflite");

        setNumBytesPerChannel(4);

        setDimBatchSize(1);
```

```
        setDimPixelSize(1);

        setDimImgWeight(28);
        setDimImgHeight(28);

        setImageMean(0);
        setImageSTD(255.0f);
    }

    @Override
    public void addImgValue(ByteBuffer imgData, int val) {
        imgData.putFloat(((val & 0xFF) - getImageMean()) / getImageSTD());
    }
}
```

運行結果如圖 7-4 所示。

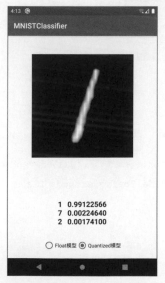

圖 7-4　運行結果

Float 模型與 Quantized 模型的大小與性能比較如表 7-1 所示。

表 7-1　Float 模型與 Quantized 模型比較

模型類別	Float	Quantized
模型大小	312 KB	82 KB
運行性能	5.858 854 ms	1.439 062 ms

可見，Quantized 模型在模型大小和運行性能上相對 Float 模型都有非常大的提升。不過，在我試驗的過程中發現，有些圖片在 Float 模型上被正確辨識，但在 Quantized 模型上卻被錯誤辨識。可見 Quantized 模型的辨識精度還是略有下降的。在邊緣裝置上資源有限，需要權衡模型大小、運行速度與辨識精度。

7.4 小結

本章介紹了如何從零開始在 Android 應用中部署 TensorFlow Lite[1]，包括：

- 如何將訓練好的 MNIST SavedModel 模型轉為 Float 模型和 Quantized 模型；
- 如何使用 visualize.py 解讀結果資訊；
- 如何將轉換後的模型部署到 Android 應用中。

我剛開始寫這部分內容的時候還是 TensorFlow 1.x，在最近（2019 年 10 月初）與 TensorFlow 2 比較的時候，發現有了很多變化，TensorFlow 2 整體上是比原來更簡單了。不過文件部分很多講得還是比較模糊，很多地方還需要看原始程式摸索。

1　更進階的 TensorFlow Lite 應用案例參考第 18 章。

TensorFlow.js

如 圖 8-1 所示，TensorFlow.js 是 TensorFlow 的 JavaScript 版本，支援 GPU 硬體加速，可以運行在 Node.js 或瀏覽器環境中。它不但支援基於 JavaScript 從頭開發、訓練和部署模型，也可以用來運行已有的 Python 版 TensorFlow 模型，或基於現有的模型繼續訓練。

圖 8-1　TensorFlow.js

TensorFlow.js 支援 GPU 硬體加速。如圖 8-2 所示，在 Node.js 環境中，如果有 CUDA 環境支援，或在瀏覽器環境中有 WebGL 環境支援，那麼 TensorFlow.js 可以使用硬體進行加速。

本章將基於 TensorFlow.js 1.0 向大家簡單介紹如何基於 ES6 的 JavaScript 進行 TensorFlow.js 開發，然後提供兩個例子進行詳細講解，最終使用純 JavaScript 進行 TensorFlow 模型的開發、訓練和部署。

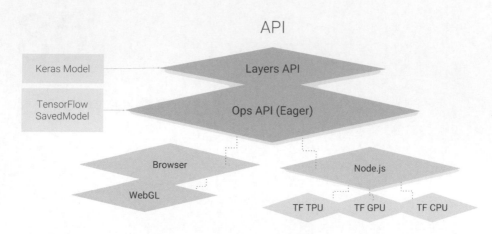

圖 8-2　TensorFlow.js 架構圖

8.1 TensorFlow.js 環境設定

TensorFlow 的運行環境非常靈活，它既可以直接內嵌在瀏覽器的 HTML
中載入，也可以在伺服器的 Node.js 環境中運行，同時還對微信小程式提
供了專門的最佳化支援。

8.1.1 在瀏覽器中使用 TensorFlow.js

TensorFlow.js 可以讓使用者直接在瀏覽器中載入 TensorFlow，這樣我們
就可以立即透過本地的 CPU 或 GPU 資源進行所需的機器學習運算，更
靈活地進行 AI 應用的開發。

相比伺服器端，在瀏覽器中進行機器學習將擁有以下四大優勢：

- 不需要安裝軟體或驅動（打開瀏覽器即可使用）；
- 可以透過瀏覽器進行更加方便的人機互動；

■ 可以透過手機瀏覽器，呼叫手機硬體的各種感測器（如 GPS、電子羅盤、加速度感測器、攝影機等）；

■ 使用者的資料無須上傳到伺服器，在本地即可完成所需操作。

這些優勢將給 TensorFlow.js 帶來極高的靈活性。比如 GoogleCreative Lab 在 2018 年 7 月發佈的 Move Mirror，我們可以在手機上打開瀏覽器，透過手機攝影機檢測視訊中使用者的動作，然後透過檢索圖片資料庫，給使用者顯示一個和他當前動作最相似的照片，如圖 8-3 所示。在 Move Mirror 的運行過程中，資料沒有上傳到伺服器，所有的運算都是在手機本地基於手機的 CPU 或 GPU 完成的，這項技術將使 Serverless 與 AI 的結合成為可能。

圖 8-3　顯示和使用者動作最相似的照片

在瀏覽器中載入 TensorFlow.js 的最方便的辦法是，在 HTML 中直接引用 TensorFlow.js 發佈的 NPM 套件中已經打包安裝好的 JavaScript 程式：

```
<html>
<head>
    <script src="http://unpkg.com/@tensorflow/tfjs/dist/tf.min.js"></script>
```

8.1.2 在 Node.js 中使用 TensorFlow.js

在伺服器端使用 JavaScript，首先需要按照 Node.js 官網的說明，完成最新版本 Node.js 的安裝。然後，透過以下 4 個步驟即可完成設定。

（1）確認 Node.js 的版本（v10 或更新的版本）：

```
$ node --verion
v10.5.0

$ npm --version
6.4.1
```

（2）建立 TensorFlow.js 專案目錄：

```
$ mkdir tfjs
$ cd tfjs
```

（3）安裝 TensorFlow.js：

```
# 初始化專案管理檔案 package.json
$ npm init -y

# 安裝 tfjs 函數庫，純 JavaScript 版本
$ npm install @tensorflow/tfjs

# 安裝 tfjs-node 函數庫，C Binding 版本
$ npm install @tensorflow/tfjs-node

# 安裝 tfjs-node-gpu 函數庫，支援 CUDA GPU 加速
$ npm install @tensorflow/tfjs-node-gpu
```

（4）確認 Node.js 和 TensorFlow.js 正常執行：

```
$ node
```

```
> require('@tensorflow/tfjs').version
{
    'tfjs-core': '1.3.1',
    'tfjs-data': '1.3.1',
    'tfjs-layers': '1.3.1',
    'tfjs-converter': '1.3.1',
    tfjs: '1.3.1'
}
>
```

如果你看到了上面的 tfjs-core、tfjs-data、tfjs-layers 和 tfjs-converter 的輸出資訊，那麼就説明環境設定沒有問題了。

在 JavaScript 程式中，透過以下指令可以引入 TensorFlow.js：

```
import * as tf from '@tensorflow/tfjs'
console.log(tf.version.tfjs)
// Output: 1.3.1
```

> 📂 **使用 import 載入 JavaScript 模組**
>
> import 是 JavaScript ES6 版本才擁有的新特性，可以粗略認為它相等於 require。比如：import * as tf from '@tensorflow/tfjs' 和 const tf = require ('@tensorflow/tfjs') 對於上面的範例程式是相等的。如果你希望了解更多資訊，可以存取 MDN 文件。

8.1.3 在微信小程式中使用 TensorFlow.js

TensorFlow.js 微信小程式外掛程式封裝了 TensorFlow.js 函數庫，便於第三方小程式呼叫。

在使用外掛程式前，首先要在小程式管理後台的「設定」→「第三方服務」→「外掛程式管理」中增加外掛程式。開發者可登入小程式管理後台，透過 appid _wx6afed118d9e81df9_ 尋找外掛程式並增加。本外掛程式無須申請，增加後可直接使用。

在微信小程式中使用 TensorFlow.js 可以參考 TFJS Mobilenet 的例子，它實現了在微信小程式中進行物體辨識的功能。

📂 TensorFlow.js 微信小程式教學

為了推動人工智慧在微信小程式中的應用發展，Google 專門為微信小程式打造了最新的 TensorFlow.js 外掛程式，並聯合 Google 認證機器學習專家、微信、騰訊課堂 NEXT 學院，聯合推出了「NEXT 學院：TensorFlow.js 遇到小程式」課程，幫助小程式開發者更快上手，為他們帶來流暢的 TensorFlow.js 開發體驗。

上述課程主要以一個姿態檢測模型 PoseNet 作為案例，介紹了如何將 TensorFlow.js 外掛程式嵌入微信小程式，並基於它進行開發，包括設定、功能呼叫、載入模型等。此外，該課程還介紹了如何將在 Python 環境下訓練好的模型轉換並載入小程式。

本章作者也參與了課程製作，課程中的案例簡單、有趣、易上手，透過學習，可以快速熟悉 TensorFlow.js 在小程式中的開發和應用。有興趣的讀者可以前往 NEXT 學院進行後續的深度學習。

8.2 TensorFlow.js 模型部署

TensorFlow.js 支援所有 Python 可以載入的模型。在 Node.js 環境中,直接透過 API 載入即可,而在瀏覽器環境中,需要做一次轉換處理,轉存為瀏覽器能夠直接支援的 JSON 格式。

8.2.1 在瀏覽器中載入 Python 模型

一般情況下,TensorFlow 的模型會被儲存為 SavedModel 格式,這也是 Google 目前推薦的模型保存最佳格式。SavedModel 格式可以透過 tensorflowjs-converter 轉換器轉為可以直接被 TensorFlow.js 載入的格式,從而在 JavaScript 語言中使用。

在瀏覽器中載入 Python 模型時,我們首先要安裝 tensorflowjs_converter:

```
$ pip install tensorflowjs
```

tensorflowjs_converter 的使用細節,可以透過 --help 參數查看:

```
$ tensorflowjs_converter --help
```

然後我們以 Mobilenet v1 為例,看一下如何對模型檔案進行轉換操作,並將可以被 TensorFlow.js 載入的模型檔案存放到 /mobilenet/tfjs_model 目錄下。

先將模型檔案轉為 SavedModel 格式,即將 /mobilenet/saved_model 轉換到 /mobilenet/tfjs_model:

```
tensorflowjs_converter \
    --input_format=tf_saved_model \
    --output_node_names='MobilenetV1/Predictions/Reshape_1' \
```

```
--saved_model_tags=serve \
/mobilenet/saved_model \
/mobilenet/tfjs_model
```

轉換完成的模型保存為了兩種檔案。

- model.json：模型架構。
- group1-shard*of*：模型參數。

舉例來說，MobileNetV2 轉換出來的檔案如下：

- /mobilenet/tfjs_model/model.json
- /mobilenet/tfjs_model/group1-shard1of5
- /mobilenet/tfjs_model/group1-shard2of5
  ……
- /mobilenet/tfjs_model/group1-shard5of5

為了載入轉換完成的模型檔案，我們還需要安裝 tfjs-converter 和 @tensorflow/tfjs 模組：

```
$ npm install @tensorflow/tfjs
```

接著，我們就可以透過 JavaScript 來載入 TensorFlow 模型了：

```
import * as tf from '@tensorflow/tfjs'

const MODEL_URL = '/mobilenet/tfjs_model/model.json'

const model = await tf.loadGraphModel(MODEL_URL)

const cat = document.getElementById('cat')
model.execute(tf.browser.fromPixels(cat))
```

📁 **轉換 TensorFlow Hub 模型** [1]

將 TensorFlow Hub 模 型 https://tfhub.dev/google/imagenet/mobilenet_v1_100_224/classification/1 轉換到 /mobilenet/tfjs_model 的程式為：

```
tensorflowjs_converter \\
   --input_format=tf_hub \\
   'https://tfhub.dev/google/imagenet/mobilenet_v1_100_224/classification/1' \\
/mobilenet/tfjs_model
```

8.2.2 在 Node.js 中執行原生 SavedModel 模型

除了透過轉換工具 tfjs-converter 將 TensorFlow SavedModel 模型、TF Hub 模型或 Keras 模型轉為 JavaScript 瀏覽器相容的格式之外，如果我們在 Node.js 環境中運行，還可以使用 TensorFlow C++ 的介面直接運行原生的 SavedModel 模型。

在 TensorFlow.js 中運行原生的 SavedModel 模型非常簡單，我們只需要把預訓練的 TensorFlow 模型存為 SavedModel 格式，並透過 @tensorflow/tfjs-node 套件或 tfjs-node-gpu 套件將模型載入到 Node.js 中進行推理即可，無須使用轉換工具 tfjs-converter。

預訓練的 TensorFlow SavedModel 可以透過一行程式在 JavaScript 中載入模型並用於推理：

```
const model = await tf.node.loadSavedModel(path)
const output = model.predict(input)
```

此外，也可以將多個輸入以陣列或圖的形式提供給模型：

```
const model1 = await tf.node.loadSavedModel(path1, [tag], signatureKey)
const outputArray = model1.predict([inputTensor1, inputTensor2])
```

```
const model2 = await tf.node.loadSavedModel(path2, [tag], signatureKey)
const outputMap = model2.predict({input1: inputTensor1, input2:inputTensor2})
```

此功能需要 @tensorflow/tfjs-node 版本為 1.3.2 或更高，同時支持 CPU
和 GPU。它支持 TensorFlow 訓練和匯出的 SavedModel 格式。由此帶來
的好處除了無須進行任何轉換之外，原生執行 TensorFlow SavedModel
表示你可以在模型中使用 TensorFlow.js 尚未支持的運算元。這要透過將
SavedModel 作為 TensorFlow 階段載入到 C++ 中進行綁定予以實現。

8.2.3 使用 TensorFlow.js 模型函數庫

TensorFlow.js 提供了一系列預訓練好的模型，方便大家快速地給自己的
程式引入人工智慧能力。

模型分類包括圖型辨識、語音辨識、人體姿態辨識、物體辨識、文字分
類等，這些 API 的預設模型檔案都儲存在 Google 雲上。在程式內使用模
型 API 時，要提供模型位址作為參數，指向 Google 的映像檔伺服器。

8.2.4 在瀏覽器中使用 MobileNet 進行攝影機物體 辨識

本節中，我們將透過撰寫一個簡單的 HTML 頁面來呼叫 TensorFlow.js 並
載入預訓練好的 MobileNet 模型，最終在使用者的瀏覽器頁面中，透過攝
影機捕捉圖型，並對圖型中的物體進行分類。

（1）建立一個 HTML 檔案，在標頭資訊中透過將 NPM 模組轉為線上可
以引用的免費服務 unpkg.com 來載入 @tensorflow/tfjs 和 @tensorflow-
models/mobilenet 這兩個 TFJS 模組：

```
<head>
    <script src="https://unpkg.com/@tensorflow/tfjs"></script>
    <script src="https://unpkg.com/@tensorflow-models/mobilenet"> </script>
</head>
```

（2）宣告 3 個 HTML 元素：用來顯示視訊的 <video>、用來顯示我們截取特定幀的 <img>，以及用來顯示檢測文字結果的 <p>。程式如下：

```
<video width=400 height=300></video>
<p></p>
<img width=400 height=300 />
```

（3）透過 JavaScript 將對應的 HTML 元素進行初始化。變數 video、image、status 分別用來對應 HTML 元素 <video>、<img>、<p>。canvas 和 ctx 用來中轉儲存從攝影機獲取的視訊流資料。model 將用來儲存我們從網路上載入的 MobileNet。相關程式如下：

```
const video = document.querySelector('video')
const image = document.querySelector('img')
const status = document.querySelector("p")


const canvas = document.createElement('canvas')
const ctx = canvas.getContext('2d')


let model
```

（4）main() 用來初始化整個系統，完成 MobileNet 模型載入。將使用者攝影機的資料綁定到 HTML 元素 <video> 上，最後觸發 refresh() 函數，進行定期刷新操作：

```
async function main () {
    status.innerText = "Model loading..."
```

```
    model = await mobilenet.load()
    status.innerText = "Model is loaded!"

    const stream = await navigator.mediaDevices.getUserMedia({ video: true })
    video.srcObject = stream
    await video.play()

    canvas.width = video.videoWidth
    canvas.height = video.videoHeight

    refresh()
}
```

（5）refresh() 函數用來從視訊中取出當前一幀圖型，然後透過 MobileNet 模型進行分類，並將分類結果顯示在網頁上。接著透過 setTimeout 重複執行自己，實現持續對視訊圖型進行處理的功能。相關程式如下：

```
async function refresh(){
    ctx.drawImage(video, 0,0)
    image.src = canvas.toDataURL('image/png')

    await model.load()
    const predictions = await model.classify(image)

    const className = predictions[0].className
    const percentage = Math.floor(100 * predictions[0].probability)

    status.innerHTML = percentage + '%' + ' ' + className

    setTimeout(refresh, 100)
}
```

整體功能只需要一個檔案，使用幾十行 HTML 或 JavaScript 即可實現。
我們能夠直接在瀏覽器中運行，完整的 HTML 程式如下：

```html
<html>

<head>
    <script src="https://unpkg.com/@tensorflow/tfjs"></script>
    <script src="https://unpkg.com/@tensorflow-models/mobilenet"> </script>
</head>

<video width=400 height=300></video>
<p></p>
<img width=400 height=300 />

<script>
    const video = document.querySelector('video')
    const image = document.querySelector('img')
    const status = document.querySelector("p")

    const canvas = document.createElement('canvas')
    const ctx = canvas.getContext('2d')

    let model

    main()

    async function main () {
        status.innerText = "Model loading..."
        model = await mobilenet.load()
        status.innerText = "Model is loaded!"

        const stream = await navigator.mediaDevices.getUserMedia({ video: true })
```

```
        video.srcObject = stream
        await video.play()

        canvas.width = video.videoWidth
        canvas.height = video.videoHeight

        refresh()
    }

    async function refresh(){
        ctx.drawImage(video, 0,0)
        image.src = canvas.toDataURL('image/png')

        await model.load()
        const predictions = await model.classify(image)

        const className = predictions[0].className
        const percentage = Math.floor(100 * predictions[0].probability)

        status.innerHTML = percentage + '%' + ' ' + className

        setTimeout(refresh, 100)
    }

</script>

</html>
```

運行效果如圖 8-4 所示，水杯被系統辨識為了 "beer glass"，置信度為
90%。

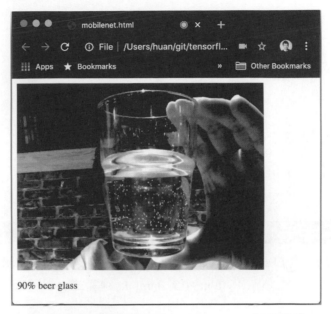

圖 8-4 在瀏覽器中運行 MobileNet：杯子辨識

8.3* TensorFlow.js 模型訓練與性能比較

與 TensorFlow Serving 和 TensorFlow Lite 不同，TensorFlow.js 不僅支援模型的部署和推斷，還支持直接在 TensorFlow.js 中進行模型訓練。

在本書的基礎篇中，我們已經為讀者展示了如何用 Python 語言對某城市 2013~2017 年的房價進行線性回歸，即使用線性模型 $y=ax+b$ 來擬合房價資料。

下面我們改用 TensorFlow.js 來實現一個 JavaScript 版本。

首先，我們定義資料來進行基本的歸一化操作：

```
const xsRaw = tf.tensor([2013, 2014, 2015, 2016, 2017])
const ysRaw = tf.tensor([12000, 14000, 15000, 16500, 17500])

// 歸一化
const xs = xsRaw.sub(xsRaw.min())
                .div(xsRaw.max().sub(xsRaw.min()))
const ys = ysRaw.sub(ysRaw.min())
                .div(ysRaw.max().sub(ysRaw.min()))
```

📂 JavaScript 中的胖箭頭函數（fat arrow function）

從 JavaScript 的 ES6 版本開始，允許使用箭頭函數（=>）來簡化函數的宣告和書寫，這類似 Python 中的 lambda 運算式。舉例來說，箭頭函數：

```
const sum = (a, b) => {
    return a + b
}
```

在效果上和以下的傳統函數相同：

```
const sum = function (a, b) {
    return a + b
}
```

不過箭頭函數沒有自己的 this 和 arguments，既不可以被當作建構函數（new），也不可以被當作 Generator（無法使用 yield）。感興趣的讀者可以參考 MDN 文件了解更多。

📖 TensorFlow.js 中的 dataSync() 系列資料同步函數

dataSync() 函數的作用是把 Tensor 資料從 GPU 中取回來，可以視為與 Python 中的 .numpy() 功能相當，即將資料取回，供本地計算使用或顯示。感興趣的讀者可以參考 TensorFlow.js 文件了解更多。

📖 TensorFlow.js 中的 sub() 系列數學計算函數

TensorFlow.js 支持 tf.sub(a, b) 和 a.sub(b) 這兩種方法的數學函數呼叫，其效果是相等的，讀者可以根據自己的喜好來選擇。

然後我們來求線性模型中兩個參數 a 和 b 的值：使用 loss() 計算損失，使用 optimizer.minimize() 自動更新模型參數。相關程式如下：

```
const a = tf.scalar(Math.random()).variable()
const b = tf.scalar(Math.random()).variable()

// y = a * x + b
const f = (x) => a.mul(x).add(b)
const loss = (pred, label) -> pred.sub(label).square().mean()

const learningRate = 1e-3
const optimizer = tf.train.sgd(learningRate)

// 訓練模型
for (let i = 0; i < 10000; i++) {
    optimizer.minimize(() => loss(f(xs), ys))
}

// 預測
console.log(`a: ${a.dataSync()}, b: ${b.dataSync()}`)
```

```
const preds = f(xs).dataSync()
const trues = ys.arraySync()
preds.forEach((pred, i) => {
    console.log(`x: ${i}, pred: ${pred.toFixed(2)}, true: ${trues[i].
toFixed(2)}`)
})
```

從下面的輸出範例中可以看到，已經擬合得比較接近了：

```
a: 0.9339302778244019, b: 0.08108722418546677
x: 0, pred: 0.08, true: 0.00
x: 1, pred: 0.31, true: 0.36
x: 2, pred: 0.55, true: 0.55
x: 3, pred: 0.78, true: 0.82
x: 4, pred: 1.02, true: 1.00
```

我們直接在瀏覽器中運行它，完整的 HTML 程式如下：

```
<html>
<head>
    <script src="http://unpkg.com/@tensorflow/tfjs/dist/tf.min.js"></script>
    <script>
    const xsRaw = tf.tensor([2013, 2014, 2015, 2016, 2017])
    const ysRaw = tf.tensor([12000, 14000, 15000, 16500, 17500])

    // 歸一化
    const xs = xsRaw.sub(xsRaw.min())
                 .div(xsRaw.max().sub(xsRaw.min()))
    const ys = ysRaw.sub(ysRaw.min())
                 .div(ysRaw.max().sub(ysRaw.min()))

    const a = tf.scalar(Math.random()).variable()
    const b = tf.scalar(Math.random()).variable()
```

```
// y = a * x + b
const f = (x) => a.mul(x).add(b)
const loss = (pred, label) => pred.sub(label).square().mean()

const learningRate = 1e-3
const optimizer = tf.train.sgd(learningRate)

// 訓練模型
for (let i = 0; i < 10000; i++) {
    optimizer.minimize(() => loss(f(xs), ys))
}

// 預測
console.log(`a: ${a.dataSync()}, b: ${b.dataSync()}`)
const preds = f(xs).dataSync()
const trues = ys.arraySync()
preds.forEach((pred, i) => {
    console.log(`x: ${i}, pred: ${pred.toFixed(2)}, true: ${trues[i].
toFixed(2)}`)
})
</script>
</head>
</html>
```

❏ TensorFlow.js 性能比較

關於 TensorFlow.js 的性能，Google 官方做了一份基於 MobileNet 的評
測，我們可以將其作為參考。評測是基於 MobileNet 的 TensorFlow 模
型，將其 JavaScript 版本和 Python 版本各運行兩百次，其評測結論如圖
8-5 所示。

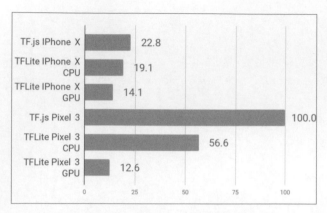

圖 8-5　TensorFlow.js 性能測評：手機瀏覽器（單位：毫秒）

從圖 8-5 中可以看出，在 iPhone X 上需要的時間為 22.8 毫秒，在 Pixel 3 上需要的時間為 100.0 毫秒。與 TensorFlow Lite 程式基準相比，手機瀏覽器中的 TensorFlow.js 在 iPhone X 上的執行時間約為基準的 1.2 倍，在 Pixel 3 上的執行時間約為基準的 1.8 倍。

在瀏覽器中，TensorFlow.js 可以使用 WebGL 進行硬體加速，將 GPU 資源使用起來。桌上型電腦的瀏覽器性能如圖 8-6 所示。

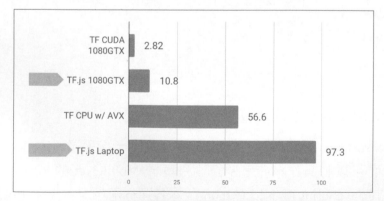

圖 8-6　TensorFlow.js 性能測評：桌上型電腦瀏覽器（單位：毫秒）

從圖 8-6 中可以看出，在 CPU 上需要的時間為 97.3 毫秒，在 GPU（WebGL）上需要的時間為 10.8 毫秒。與 Python 程式基準相比，瀏覽器中的 TensorFlow.js 在 CPU 上的執行時間約為基準的 1.7 倍，在 GPU（WebGL）上的執行時間約為基準的 3.8 倍。

在 Node.js 中，TensorFlow.js 既可以用 JavaScript 來載入轉換後的模型，也可以使用 TensorFlow 的 C++ Binding，這兩種方式分別接近和超越了 Python 的性能，如圖 8-7 所示。

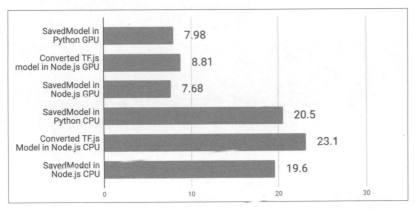

圖 8-7　TensorFlow.js 性能測評：Node.js（單位：毫秒）

從圖 8-7 中可以看出，在 CPU 上運行原生模型的時間為 19.6 毫秒，在 GPU（CUDA）上運行原生模型的時間為 7.68 毫秒。與 Python 程式基準相比，Node.js 的 TensorFlow.js 在 CPU 和 GPU 上的執行時間都比基準快 4%。

第三篇

大規模訓練篇

TensorFlow 分散式訓練

當我們擁有大量運算資源時,透過使用合適的分散式策略可以充分利用這些運算資源,從而大幅壓縮模型訓練的時間。針對不同的使用場景,TensorFlow 在 tf.distribute.Strategy 中為我們提供了許多種分散式策略,使得我們能夠更高效率地訓練模型。

9.1 單機多卡訓練:MirroredStrategy

tf.distribute.MirroredStrategy 是一種簡單、高性能、資料平行的同步式分散式策略,主要支援多個 GPU 在同一台主機上訓練。在使用這種策略時,我們只需實例化一個 MirroredStrategy 策略:

```
strategy = tf.distribute.MirroredStrategy()
```

並將模型建置的程式放入 strategy.scope() 的上下文環境中:

```
with strategy.scope():
    # 模型建置程式
```

> 🔧 **小技巧**
>
> 我們可以在參數中指定裝置，如：
>
> ```
> strategy = tf.distribute.MirroredStrategy(devices=["/gpu:0", "/gpu:1"])
> ```
>
> 即指定只使用第 0、1 號 GPU 參與分散式策略。

以下程式展示了使用 MirroredStrategy 策略，在第 12 章中的部分圖像資料集上使用 Keras 訓練 MobileNetV2 的過程：

```python
import tensorflow as tf
import tensorflow_datasets as tfds

num_epochs = 5
batch_size_per_replica = 64
learning_rate = 0.001

strategy = tf.distribute.MirroredStrategy()
print('Number of devices: %d' % strategy.num_replicas_in_sync)# 輸出裝置數量
batch_size = batch_size_per_replica * strategy.num_replicas_in_sync

# 載入資料集並前置處理
def resize(image, label):
    image = tf.image.resize(image, [224, 224]) / 255.0
    return image, label

# 使用 TensorFlow Datasets 載入貓狗分類資料集，詳見第 12 章
dataset = tfds.load("cats_vs_dogs", split=tfds.Split.TRAIN, as_supervised=True)
dataset = dataset.map(resize).shuffle(1024).batch(batch_size)

with strategy.scope():
    model = tf.keras.applications.MobileNetV2()
```

```
model.compile(
    optimizer=tf.keras.optimizers.Adam(learning_rate=learning_rate),
    loss=tf.keras.losses.sparse_categorical_crossentropy,
    metrics=[tf.keras.metrics.sparse_categorical_accuracy]
)

model.fit(dataset, epochs=num_epochs)
```

在以下的測試中，我們使用同一台主機上的 4 片 NVIDIA GeForce GTX 1080 Ti 顯示卡進行單機多卡的模型訓練。所有測試的 epoch 數均為 5。使用單機無分散式設定時，雖然機器依然具有 4 片顯示卡，但程式不使用分散式的設定，直接進行訓練，批次大小設定為 64。使用單機四卡時，測試總批次大小為 64（分發到單台機器的批次大小為 16）和總批次大小為 256（分發到單台機器的批次大小為 64）兩種情況，如表 9-1 所示。

表 9-1　單機四卡模型訓練

資料集	單機無分散式 （批次大小為 64）	單機四卡 （總批次大小為 64）	單機四卡 （總批次大小為 256）
cats_vs_dogs	146 s/epoch	39 s/epoch	29 s/epoch
tf_flowers	22 s/epoch	7 s/epoch	5 s/epoch

可見，使用 MirroredStrategy 後，模型訓練速度有了大幅提高。在所有顯示卡性能差不多的情況下，訓練時長與顯示卡數目接近反比關係。

📁 MirroredStrategy 過程簡介

使用 MirrorStrategy 進行分散式訓練的步驟如下：

(1) 在訓練開始前，該策略在所有的 N 個計算裝置上均各複製一份完整的模型；

(2) 每次訓練傳入一個批次的資料時，將資料分成 N 份，分別傳入 N 個計算裝置（資料平行）；

(3) N 個計算裝置使用本地變數（映像檔變數）分別計算自己所獲得的部分資料的梯度；

(4) 使用分散式運算的 all-reduce 操作，再計算裝置間高效交換梯度資料並進行求和，使得最終每個裝置都擁有所有裝置的梯度之和；

(5) 使用梯度求和的結果更新本地變數（映像檔變數）；

(6) 當所有裝置均更新本地變數後，進行下一輪訓練（也就是說，該平行策略是同步的）。

在預設情況下，TensorFlow 中的 MirroredStrategy 策略使用 NVIDIA NCCL 進行 all-reduce 操作。

▌9.2 多機訓練：MultiWorkerMirroredStrategy

多機訓練的方法和單機多卡類似，將 MirroredStrategy 更換為適合多機訓練的 MultiWorker-MirroredStrategy 即可。不過，由於涉及多台電腦之間的通訊，還需要進行一些額外的設定。具體而言，需要設定環境變數 TF_CONFIG，範例如下：

```
os.environ['TF_CONFIG'] = json.dumps({
    'cluster': {
        'worker': ["localhost:20000", "localhost:20001"]
    },
    'task': {'type': 'worker', 'index': 0}
})
```

TF_CONFIG 由 cluster 和 task 兩部分組成。

- cluster 欄位說明了整個多機叢集的結構和每台機器的網路位址（IP + 通訊埠編號）。對於每一台機器，cluster 欄位的值都是相同的。

- task 欄位說明了當前機器的角色。舉例來說，{'type': 'worker', 'index': 0} 說明當前機器是 cluster 中的第 0 個 worker（即 localhost:20000）。每一台機器的 task 欄位的值都需要針對當前主機分別進行設定。

以上內容設定完成後，在所有的機器上一個一個運行訓練程式即可。先運行的程式在尚未與其他主機連接時，會進入監聽狀態，待整個叢集的連接建立完畢後，所有的機器會同時開始訓練。

> 📥 提示
>
> 請注意各台機器上防火牆的設定，尤其需要開放與其他主機通訊的通訊埠。如上例的 0 號 worker 需要開放 20000 通訊埠，1 號 worker 需要開放 20001 通訊埠。

以下範例的訓練任務與前面相同，只不過遷移到了多機訓練環境中。假設我們有兩台機器，即首先在兩台機器上均部署下面的程式，唯一的差別是 task 部分，將第一台機器的 task 設定為 {'type': 'worker', 'index': 0}，將第二台機器的 task 設定為 {'type': 'worker', 'index': 1}。接下來，在兩台機器上依次運行程式，待通訊成功後，即會自動開始訓練流程。相關程式如下：

```
import tensorflow as tf
import tensorflow_datasets as tfds
import os
import json

num_epochs = 5
batch_size_per_replica = 64
```

```
learning_rate = 0.001

num_workers = 2
os.environ['TF_CONFIG'] = json.dumps({
    'cluster': {
        'worker': ["localhost:20000", "localhost:20001"]
    },
    'task': {'type': 'worker', 'index': 0}
})
strategy = tf.distribute.experimental.MultiWorkerMirroredStrategy()
batch_size = batch_size_per_replica * num_workers

def resize(image, label):
    image = tf.image.resize(image, [224, 224]) / 255.0
    return image, label

dataset = tfds.load("cats_vs_dogs", split=tfds.Split.TRAIN, as_supervised=True)
dataset = dataset.map(resize).shuffle(1024).batch(batch_size)

with strategy.scope():
    model = tf.keras.applications.MobileNetV2()
    model.compile(
        optimizer=tf.keras.optimizers.Adam(learning_rate=learning_rate),
        loss=tf.keras.losses.sparse_categorical_crossentropy,
        metrics=[tf.keras.metrics.sparse_categorical_accuracy]
    )

model.fit(dataset, epochs=num_epochs)
```

我們在 Google Cloud Platform 分別建立兩台具有單張 NVIDIA Tesla K80 GPU 的虛擬機器（具體建立方式參見附錄 C），並分別測試在使用一個 GPU 時的訓練時長和使用兩台虛擬機器實例進行分散式訓練的訓練

時長。所有測試的 epoch 數均為 5。使用單機單卡時，批次大小設定為
64。使用雙機單卡時，測試總批次大小為 64（分發到單台機器的批次大
小為 32）和總批次大小為 128（分發到單台機器的批次大小為 64）兩種
情況。結果如表 9-2 所示。

表 9-2　單機單卡模型訓練

資料集	單機單卡 （批次大小為 64）	雙機單卡 （總批次大小為 64）	雙機單卡 （總批次大小 為 128）
cats_vs_dogs	1622 s	858 s	755 s
tf_flowers	301 s	152 s	144 s

可見，模型訓練的速度同樣有大幅度提高。在所有機器性能接近的情況
下，訓練時長與機器的數目接近反比關係。

使用 TPU 訓練 TensorFlow 模型

2017 年 5 月，AlphaGo 在烏鎮圍棋高峰會上與當時世界第一棋士柯潔比試，取得 3：0 全勝戰績。之後的 Alpha Zero 版本可以透過自我學習，在 21 天達到 AlphaGo Master 的水準。

AlphaGo 背後的動力全部由 TPU 提供，TPU 使其能夠更快地「思考」並在每一步之間看得更遠。

10.1 TPU 簡介

TPU 代表張量處理單元（tensor processing unit），是 Google 在 2016 年 5 月發佈的為機器學習而建置的訂製積體電路（ASIC），並專門為 TensorFlow 進行了量身訂製。

早在 2015 年，Google 大腦團隊就成立了第一個 TPU 中心，為 Google Translation、Google Photos 和 Gmail 等產品提供支援。為了使所有資料科學家和開發人員能夠存取相關技術，不久之後就發佈了易使用、可擴充且功能強大的基於雲的 TPU，可以在 Google Cloud 上運行 TensorFlow 模型。

TPU 由多個計算核心（tensor core）組成，其中包括純量、向量和矩陣單元（MXU）。TPU 與 CPU（中央處理單元）和 GPU（圖形處理單元）最重要的區別是：TPU 的硬體專為線性代數而設計，線性代數是深度學習的基礎。在過去的幾年中，Google 的 TPU 已經發佈了 v1、v2、v3、v2 Pod、v3 Pod、Edge 等多個版本，如表 10-1 所示。

表 10-1　各 TPU 版本介紹

版本	圖片	性能	記憶體
TPU（v1，2015）		92 TeraFLOPS	8 GB HBM
Cloud TPU（v2，2017）		180 TeraFLOPS	64 GB HBM
Cloud TPU（v3，2018）		420 TeraFLOPS	128 GB HBM
Cloud TPU Pod（v2，2017）		11 500 TeraFLOPS	4096 GB HBM
Cloud TPU Pod（v3，2018）		100 000+ TeraFLOPS	32 768 GB HBM

版本	圖片	性能	記憶體
Edge TPU（Coral，2019）		4 TeraFLOPS	–

- Tera：TB，10 的 12 次方。
- Peta：GB，10 的 15 次方。
- FLOPS：每秒浮點數計算次數。
- OPS：每秒位元整數計算次數。

基於 Google Cloud，可以方便地建立和使用 TPU。同時，Google 也推出了專門為邊緣計算環境部署的 Edge TPU。Edge TPU 尺寸小、耗電低、性能高，可以在邊緣計算環境中廣泛部署高品質的 AI。Edge TPU 作為 Cloud TPU 的補充，可以大大促進 AI 解決方案在 IoT 環境中的部署。

使用 Cloud TPU，可以大大提升 TensorFlow 進行機器學習訓練和預測時的性能，並能夠靈活地幫助研究人員、開發人員和企業級 TensorFlow 計算集群。

根據 Google 提供的資料顯示，在 Google Cloud TPU Pod 上，僅用約 8 分鐘就能夠完成 ResNet-50 模型的訓練，從表 10-2 中可以看出 TPU 與 TPU Pod 的性能差異。

表 10-2　訓練 ResNet-50 模型的資料

TPU 名稱	TPU	TPU Pod
訓練速度（每秒圖型數）	4000+	200 000+
最終精度（正確率）	93%	93%
訓練時長	7 小時 47 分鐘	8 分鐘 45 秒

根據研究顯示，TPU 比現代 GPU 和 CPU 快 15 到 30 倍。同時，TPU 還實現了比傳統晶片更好的耗電效率，算力耗電比值提高了 30 倍至 80 倍，如表 10-3 所示。

表 10-3　不同晶片每個週期的操作次數比較

名稱	每個週期的操作次數（次）
CPU	10
GPU	10,000
TPU	100,000

10.2 TPU 環境設定

使用 TPU 最方便的方法就是使用 Google 的 Colab，它不但可以透過瀏覽器直接存取，而且免費。

在 Google Colab 的 Notebook 介面中，打開主選單 Runtime，然後選擇 Change runtime type，會彈出 Notebook settings 視窗。選擇裡面的 Hardware accelerator 為 TPU 就可以了。

為了確認 Colab Notebook 中是否分配了 TPU 資源，我們可以運行以下測試程式。如果輸出 ERROR 資訊，則表示目前的 Runtime 並沒有分配到 TPU；如果輸出 TPU 位址及裝置列表，則表示 Colab 已經分配了 TPU。

```python
import os
import tensorflow as tf

if 'COLAB_TPU_ADDR' not in os.environ:
    print('ERROR: Not connected to a TPU runtime')
else:
    tpu_address = 'grpc://' + os.environ['COLAB_TPU_ADDR']
    print ('TPU address is', tpu_address)
```

輸出資訊如下：

```
TPU address is grpc://10.49.237.2:8470
```

如果看到以上資訊（TPU grpc address），即可確認 Colab 的 TPU 環境設定正常。

在 Google Cloud 上，我們可以購買所需的 TPU 資源，隨選進行機器學習訓練。為了使用 Cloud TPU，需要在 Google Cloud Engine 中啟動雲端主機（VM）並為 VM 請求 Cloud TPU 資源。請求完成後，VM 就可以直接存取分配給它專屬的 Cloud TPU 了，如圖 10-1 所示。

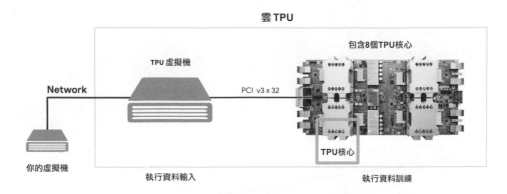

圖 10-1　雲端主機和 TPU 的網路架構

在使用 Cloud TPU 時，為了免除煩瑣的驅動安裝步驟，我們可以直接使用 Google Cloud 提供的 VM 作業系統映像檔。

▌ 10.3 TPU 基本用法

在 TPU 上進行 TensorFlow 分散式訓練的核心 API 是 tf.distribute.TPUStrategy，簡單的幾行程式就可以實現在 TPU 上進行分散式訓練，同時也可以很容易地遷移到 GPU 單機多卡、多機多卡環境中。以下是實例化 TPUStrategy 的程式：

```
tpu = tf.distribute.cluster_resolver.TPUClusterResolver()
tf.config.experimental_connect_to_cluster(tpu)
tf.tpu.experimental.initialize_tpu_system(tpu)
strategy = tf.distribute.experimental.TPUStrategy(tpu)
```

在上面的程式中，首先我們實例化 TPUClusterResolver，然後連接 TPU Cluster，並進行初始化；最後實例化 TPUStrategy。

以下使用 Fashion MNIST 分類任務展示 TPU 的使用方式[1]：

```
import tensorflow as tf
import numpy as np
import os

(x_train, y_train), (x_test, y_test) = tf.keras.datasets.fashion_mnist.load_data()

x_train = np.expand_dims(x_train, -1)
x_test = np.expand_dims(x_test, -1)

def create_model():
    model = tf.keras.models.Sequential()

    model.add(tf.keras.layers.Conv2D(64, (3, 3), input_shape=x_train.shape[1:]))
    model.add(tf.keras.layers.MaxPooling2D(pool_size=(2, 2), strides=(2,2)))
    model.add(tf.keras.layers.Activation('relu'))

    model.add(tf.keras.layers.Flatten())
    model.add(tf.keras.layers.Dense(10))
    model.add(tf.keras.layers.Activation('softmax'))

    return model
```

---

1 在 Google Colab 上可以直接打開本例子的 Jupyter 運行。

```
tpu = tf.distribute.cluster_resolver.TPUClusterResolver()
tf.config.experimental_connect_to_cluster(tpu)
tf.tpu.experimental.initialize_tpu_system(tpu)
strategy = tf.distribute.experimental.TPUStrategy(tpu)

with strategy.scope():
    model = create_model()
    model.compile(
        optimizer=tf.keras.optimizers.Adam(learning_rate=1e-3),
        loss=tf.keras.losses.sparse_categorical_crossentropy,
        metrics=[tf.keras.metrics.sparse_categorical_accuracy])

model.fit(
    x_train.astype(np.float32), y_train.astype(np.float32),
    epochs=5,
    steps_per_epoch=60,
    validation_data=(x_test.astype(np.float32), y_test.astype(np.float32)),
    validation_freq=5
)
```

運行以上程式，輸出結果為：

```
Epoch 1/5
60/60 [==========] - 1s 23ms/step - loss: 12.7235 - accuracy: 0.7156
Epoch 2/5
60/60 [==========] - 1s 11ms/step - loss: 0.7600 - accuracy: 0.8598
Epoch 3/5
60/60 [==========] - 1s 11ms/step - loss: 0.4443 - accuracy: 0.8830
Epoch 4/5
60/60 [==========] - 1s 11ms/step - loss: 0.3401 - accuracy: 0.8972
Epoch 5/5
60/60 [==========] - 4s 60ms/step - loss: 0.2867 - accuracy: 0.9072
10/10 [==========] - 2s 158ms/step
10/10 [==========] - 2s 158ms/step
val_loss: 0.3893 - val_sparse_categorical_accuracy: 0.8848
```

第四篇

擴展篇

TensorFlow Hub 模型重複使用

在軟體開發中，為了避免重複開發相同功能的程式，我們經常重複使用開放原始碼軟體或函數庫，這樣做可以減少重複工作，縮短軟體開發週期。程式重複使用對軟體產業的蓬勃發展有極大的推動作用。

對應地，TensorFlow Hub（以下簡稱 TF Hub）的目的就是更進一步地重複使用已訓練好且經過充分驗證的模型，節省訓練時間和運算資源。這些預訓練好的模型既可以直接進行部署，也可以進行遷移學習（transfer learning）。對個人開發者來說，TF Hub 是非常有意義的，開發者可以快速重複使用 Google 這樣的大公司所使用的巨量運算資源訓練模型，而他們個人去獲取這些資源是很不現實的。

11.1 TF Hub 網站

打開 TF Hub 網站的首頁，在頁面左側可以選取關注的類別，比如 Text、Image、Video 和 Publishers 等選項，在頁面頂部的搜索框中輸入關鍵字可以搜索模型，如圖 11-1 所示。

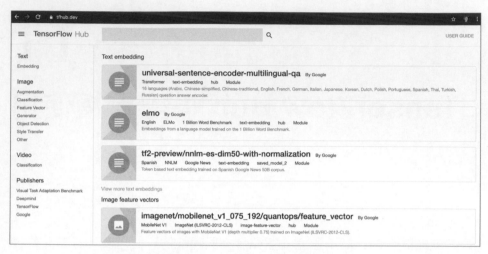

圖 11-1　TF Hub 網站首頁

以 stylization 為例，我們搜索到如圖 11-2 所示的模型，版本編號為 2，在
網址的尾端也會表現。

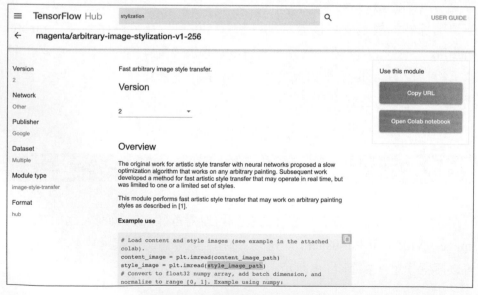

圖 11-2　搜索 stylization 模型

(1) 目前還有很多模型是基於 TensorFlow 1.x 的，在選擇的過程中請注意判別（有些模型會明確寫出版本編號），或檢查是否是 TF Hub 0.5.0 及以上版本的 API hub.load(url)，之前的版本使用的是 hub.Module(url)。

(2) 如果不能存取 tfhub.dev，請大家轉換域名到較快速的映像檔，注意模型下載網址也需要對應轉換。

▌11.2 TF Hub 安裝與重複使用

TF Hub 是單獨的函數庫，需要單獨安裝，安裝命令如下：

```
pip install tensorflow-hub
```

↓ 提示

在 TensorFlow 2 上，必須使用 TF Hub 0.5.0 或以上版本，因為介面有變動。

TF Hub 模型的重複使用非常簡單，程式模式如下：

```
import tensorflow_hub as hub

hub_handle = 'https://tfhub.dev/google/magenta/arbitrary-image-stylization-v1-256/2'
hub_model = hub.load(hub_handle)
outputs = hub_model(inputs)
```

根據 stylization 模型的參考程式和 notebook，我們可以對模型進行精簡和修改，實現轉換圖片風格的功能。相關程式如下：

```python
import matplotlib.pyplot as plt
import numpy as np
import tensorflow as tf
import tensorflow_hub as hub


def crop_center(image):
    """Returns a cropped square image."""
    shape = image.shape
    new_shape = min(shape[1], shape[2])
    offset_y = max(shape[1] - shape[2], 0) // 2
    offset_x = max(shape[2] - shape[1], 0) // 2
    image = tf.image.crop_to_bounding_box(image, offset_y, offset_x, new_shape,
new_shape)
    return image


def load_image_local(image_path, image_size=(512, 512), preserve_aspect_ratio
=True):
    """Loads and preprocesses images."""
    #載入圖片資料，轉化為 float32 類型的numpy陣列，並且將數值歸一化到 0~1 範圍
    img = plt.imread(image_path).astype(np.float32)[np.newaxis, ...]
    if img.max() > 1.0:
        img = img / 255.
    if len(img.shape) == 3:
        img = tf.stack([img, img, img], axis=-1)
    img = crop_center(img)
    img = tf.image.resize(img, image_size, preserve_aspect_ratio=True)
    return img


def show_image(image, title, save=False):
    plt.imshow(image, aspect='equal')
```

```
    plt.axis('off')
    if save:
        plt.savefig(title + '.png', bbox_inches='tight', dpi=fig.dpi,
pad_inches=0.0)
    else:
        plt.show()

content_image_path = "images/contentimg.jpeg"
style_image_path = "images/styleimg.jpeg"

content_image = load_image_local(content_image_path)
style_image = load_image_local(style_image_path)

show_image(content_image[0], "Content Image")
show_image(style_image[0], "Style Image")

# 載入圖片風格轉化模型
hub_module = hub.load('https://tfhub.dev/google/magenta/arbitrary-image-
    stylization-v1-256/2');

#對圖片進行風格轉化
outputs = hub_module(tf.constant(content_image), tf.constant(style_image))
stylized_image = outputs[0]

show_image(stylized_image[0], "Stylized Image", True)
```

其中，hub.load(url) 就是把 TF Hub 的模型從網路下載和載入進來，hub_
module 就是運行模型，outputs 為輸出。

輸入圖片是一張我拍的風景照片，如圖 11-3 所示。風格圖片是王希孟的
畫冊《千里江山圖》的部分截圖，如圖 11-4 所示。輸出圖片如圖 11-5 所
示。

圖 11-3　輸入圖片

圖 11-4　風格圖片

圖 11-5　輸出圖片

▌ 11.3 TF Hub 模型二次訓練範例

可能預訓練的模型不一定滿足開發者的實際訴求,所以有時需要進行二次訓練。針對這種情況,TF Hub 提供了很方便的 Keras 介面 hub.KerasLayer(url),它可以封裝在 Keras 的 Sequential 層狀結構中,進而針對開發者的需求和資料進行再訓練。

我們以 inception_v3 的模型為例,列出 hub.KerasLayer(url) 的使用方法:

```python
import tensorflow as tf
import tensorflow_hub as hub

num_classes = 10

# 使用 hub.KerasLayer 元件待訓練模型
new_model = tf.keras.Sequential([
    hub.KerasLayer("https://tfhub.dev/google/tf2-preview/inception_v3/
        feature_vector/4", output_shape=[2048], trainable=False),
    tf.keras.layers.Dense(num_classes, activation='softmax')
])
new_model.build([None, 299, 299, 3])

# 輸出模型結構
new_model.summary()
```

執行以上程式後,會輸出下面的結果,其中 keras_layer (KerasLayer) 就是從 TF Hub 上獲取的模型:

```
Model: "sequential"
_____
Layer (type)                 Output Shape              Param #
=================================================================
```

```
keras_layer (KerasLayer)      multiple                  21802784

dense (Dense)                 multiple                  20490
=================================================================
Total params: 21,823,274
Trainable params: 20,490
Non-trainable params: 21,802,784
```

剩下的訓練和模型保存和正常的 Keras 的 Sequential 模型完全一樣。

TensorFlow Datasets
資料集載入

TensorFlow Datasets 是一個開箱即用的資料集集合，包含數十種常用的機器學習資料集。透過簡單的幾行程式即可將資料以 tf.data.Dataset 的格式載入。關於 tf.data.Dataset 的使用可參考 4.3 節。

TensorFlow Datasets 是一個獨立的 Python 套件，可以透過以下程式安裝：

```
pip install tensorflow-datasets
```

在使用時，首先使用 import 匯入該套件：

```
import tensorflow as tf
import tensorflow_datasets as tfds
```

然後，最基礎的用法是使用 tfds.load 方法載入所需的資料集。舉例來說，以下 3 行程式分別載入了 MNIST、貓狗分類和 tf_flowers 的圖型分類資料集：

```
dataset = tfds.load("mnist", split=tfds.Split.TRAIN)
dataset = tfds.load("cats_vs_dogs", split=tfds.Split.TRAIN, as_supervised=True)
dataset = tfds.load("tf_flowers", split=tfds.Split.TRAIN, as_supervised=True)
```

當第一次載入特定資料集時，TensorFlow Datasets 會自動從雲端下載資料集並顯示下載進度。舉例來説，載入 MNIST 資料集時，終端輸出提示如下：

```
Downloading and preparing dataset mnist (11.06 MiB) to C:\Users\snowkylin\
tensorflow_datasets\mnist\3.0.0...
WARNING:absl:Dataset mnist is hosted on GCS. It will automatically be
downloaded to your
local data directory. If you'd instead prefer to read directly from our public
GCS bucket (recommended if you're running on GCP), you can instead set
data_dir=gs://tfds-data/datasets.


Dl Completed...: 100%|███████████████████████████████

██████████████████████████████████████████████████

██████████████| 4/4 [00:10<00:00,  2.93s/ file]
Dl Completed...: 100%|███████████████████████████████

██████████████████████████████████████████████████

██████████████| 4/4 [00:10<00:00,  2.73s/ file]
Dataset mnist downloaded and prepared to C:\Users\snowkylin\tensorflow_
datasets\mnist\3.0.0. Subsequent calls will reuse this data.
```

📥 提示

在使用 TensorFlow Datasets 時，可能需要設定代理。較為簡易的方式是設定 TFDS_HTTPS_PROXY 環境變數，即：

```
export TFDS_HTTPS_PROXY=http://代理伺服器 IP:通訊埠
```

tfds.load 方法會返回一個 tf.data.Dataset 物件，部分重要的參數如下。

- as_supervised：若為 True，則根據資料集的特性，將資料集中的每行元素整理為有監督的二元組 (input, label)（資料 + 標籤），否則資料集中的每行元素為包含所有特徵的字典。

■ split：指定返回資料集的特定部分。若不指定，則返回整個資料集。
一般有 tfds.Split.TRAIN（訓練集）和 tfds.Split.TEST（測試集）選項。

TensorFlow Datasets 當前支援的資料集可在官方文件查看，也可以使用
tfds.list_builders() 查看。

當獲得了 tf.data.Dataset 類型的資料集後，我們就可以使用 tf.data 對資料
集進行各種前置處理以及讀取資料了，例如：

```
# 使用 TessorFlow Datasets 載入 tf_flowers 資料集
dataset = tfds.load("tf_flowers", split=tfds.Split.TRAIN, as_supervised=True)
# 對 dataset 進行大小調整、打散和分批次操作
dataset = dataset.map(lambda img, label: (tf.image.resize(img, [224, 224]) /
255.0, label)) \
    .shuffle(1024) \
    .batch(32)
# 疊代資料
for images, labels in dataset:
    # 對 images 和 labels 操作
```

詳細操作說明可見 4.3 節。同時，第 9 章也使用了 TensorFlow Datasets
載入資料集，大家可以參考這些章節的範例程式進一步了解 TensorFlow
Datasets 的使用方法。

Swift for TensorFlow

Google 推 出 的 Swift for TensorFlow（ 簡 稱 S4TF ）是 專 門 針 對 TensorFlow 最佳化過的 Swift 版本，目前處在 Pre-Alpha 階段。

為了能夠在程式語言級支持 TensorFlow 所需的所有功能特性，將 S4TF 作為 Swift 語言本身的分支，Google 為 Swift 語言增加了機器學習所需 要的所有功能擴充。S4TF 不僅是一個用 Swift 寫成的 TensorFlow API 封 裝，Google 還為 Swift 增加了編譯器和語言增強功能，提供了一種新的 程式設計模型，結合了圖的性能、即時執行模式的靈活性和表達能力。

本章我們將向大家簡介 Swift for TensorFlow 的使用。你可以參考最新的 Swift for TensorFlow 文件。

> 📁 **為什麼要使用 Swift 進行 TensorFlow 開發**
>
> 相對於 TensorFlow 的其他版本（如 Python、C++ 等），S4TF 擁有其獨 有的優勢。
>
> • 開發效率高：強類型語言，能夠靜態檢查變數類型。
> • 遷移成本低：與 Python、C、C++ 能夠無縫結合。
> • 執行性能高：能夠直接編譯為底層硬體程式。
> • 專門為機器學習打造：語言原生支援自動微分系統。

與其他語言相比，S4TF 還有更多優勢。Google 正在大力投資，使 Swift 成為其 TensorFlow ML 基礎設施的關鍵元件，而且 Swift 很有可能將成為深度學習的專屬語言。有興趣的讀者可以參考 Swift 的官方文件了解更多內容。

13.1 S4TF 環境設定

S4TF 環境設定步驟如下。

(1) 本地安裝 Swift for TensorFlow。目前 S4TF 支援 macOS 和 Linux 兩個運行環境。安裝需要下載預先編譯好的軟體套件，同時按照對應的作業系統的說明操作。安裝後，即可使用全套 Swift 工具，包括 Swift（Swift REPL / Interpreter）和 Swiftc（Swift 編譯器）。

(2) 在 Colaboratory 中快速體驗 Swift for TensorFlow。Google 的 Colaboratory 可以直接支援 Swift 語言的運行環境並打開一個空白的、具備 Swift 運行環境的 Colab Notebook，這是立即體驗 Swift for TensorFlow 的最方便的辦法。

(3) 在 Docker 中快速體驗 Swift for TensorFlow。在本機已有 Docker 環境的情況下，使用預先安裝 Swift for TensorFlow 的 Docker Image 是非常方便的。按照下面的步驟操作即可體驗。

① 獲得一個 S4TS 的 Jupyter Notebook。在命令列中執行 nvidia-docker run -ti --rm -p 8888:8888 --cap-add SYS_PTRACE -v "$(pwd)":/notebooks zixia/swift 來啟動 Jupyter，然後根據提示的 URL，打開瀏覽器存取即可。

② 執行一個本地的 Swift 程式檔案。為了運行本地的 s4tf.swift 檔案，我
   們可以用以下 Docker 命令：

```
nvidia-docker run -ti --rm --privileged --userns=host \
    -v "$(pwd)":/notebooks \
    zixia/swift \
    swift ./s4tf.swift
```

13.2 S4TF 基礎使用

Swift 是動態強類型語言，也就是說 Swift 支援編譯成功器自動檢測變數
的類型，同時要求變數的使用要嚴格符合定義，所有變數都必須先定義
後使用。

來看下面的程式，因為最初宣告的 n 是整數類型 42，所以如果將 "string"
設定值給 n：

```
var n = 42
n = "string"
```

會出現類型不匹配的問題，Swift 將顯示出錯，輸出以下內容：

```
Cannot assign value of type 'String' to type 'Int'
```

下面是一個使用 TensorFlow 計算的基礎範例：

```
import TensorFlow

// 宣告兩個 Tensor
let x = Tensor<Float>([1])
let y = Tensor<Float>([2])
```

```
// 對兩個 Tensor 做加法運算
let w = x + y

// 輸出結果
print(w)
```

📁 Tensor<Float> 中的 <Float>

在這裡的 Float 用來指定與 Tensor 類別相關的內部資料類型，可以根據需要替換為其他合理的資料類型，比如 Double。

13.2.1 在 Swift 中使用標準的 TensorFlow API

在透過運行 import TensorFlow 載入 TensorFlow 模組之後，即可在 Swift 語言中使用核心的 TensorFlow API。

(1) 處理數字和矩陣的程式，API 與 TensorFlow 高度保持了一致：

```
let x = Tensor<BFloat16>(zeros: [32, 128])
let h1 = sigmoid(matmul(x, w1) + b1)
let h2 = tanh(matmul(h1, w1) + b1)
let h3 = softmax(matmul(h2, w1) + b1)
```

(2) 處理 Dataset 的程式，基本上，將 Python API 中的 tf.data.Dataset 名稱相同函數直接改寫為 Swift 語法即可直接使用：

```
let imageBatch = Dataset(elements: images)
let labelBatch = Dataset(elements: labels)
let zipped = zip(imageBatch, labelBatch).batched(8)


let imageBatch = Dataset(elements: images)
let labelBatch = Dataset(elements: labels)
for (image, label) in zip(imageBatch, labelBatch) {
```

```
    let y = matmul(image, w) + b
    let loss = (y - label).squared().mean()
    print(loss)
}
```

📁 matmul() 的別名：‧

為了程式更加簡潔，matmul(a, b) 可以簡寫為 a‧b。在 Mac 上，符號‧可以透過 "Option + 8" 鍵輸入。

13.2.2　在 Swift 中直接載入 Python 語言函數庫

Swift 語言支援直接載入 Python 函數程式庫（比如 NumPy），也支援直接載入系統動態連結程式庫，做到了匯入即用。

借助 S4TF 強大的整合能力，把程式從 Python 遷移到 Swift 非常簡單。你可以逐步遷移 Python 程式（或繼續使用 Python 程式庫），因為 S4TF 支持直接在程式中載入 Python 原生程式庫，使得開發者可以繼續使用熟悉的語法在 Swift 中呼叫 Python 中已經完成的功能。

下面我們以 NumPy 為例，看一下如何在 Swift 語言中直接載入 Python 的 NumPy 程式庫，並且直接進行呼叫：

```
import Python

let np = Python.import("numpy")
let x = np.array([[1, 2], [3, 4]])
let y = np.array([11, 12])
print(x.dot(y))
```

輸出程式如下：

```
[35 81]
```

除了能夠直接呼叫 Python 之外，Swift 也能夠直接呼叫系統函數程式庫。比如下面的程式展示了我們可以在 Swift 中直接載入 Glibc 的動態函數庫，然後呼叫系統底層的 malloc 和 memcpy 函數，對變數直接操作：

```
import Glibc
let x = malloc(18)
memcpy(x, "memcpy from Glibc", 18)
free(x)
```

得益於 Swift 強大的整合能力，針對 C 或 C++ 語言函數庫的載入和呼叫處理起來也將非常簡單高效。

13.2.3 語言原生支援自動微分

我們可以透過 @differentiable 參數，非常容易地定義一個可被微分的函數：

```
@differentiable
func frac(x: Double) -> Double {
    return 1/x
}


gradient(of: frac)(0.5)
```

輸出程式如下：

```
-4.0
```

在上面的程式中，我們先將函數 frac() 標記為 @differentiable，然後就可以透過 gradient() 函數將其轉為求解微分的新函數 gradient(of: trac)，接下來就可以根據任意 x 值求函數 frac 在 x 點的梯度了。

📁 Swift 函數宣告中的參數名稱和類型

Swift 使用 func 宣告一個函數。在函數的參數中,變數名稱的冒號後面代表的是參數類型。在函數參數和函數本體({})之前,還可以透過箭頭(->)來指定函數的返回數值類型。

比如在上面的程式中,參數變數名稱為 x,參數類型為 Double,函數返回類型為 Double。

13.2.4 MNIST 數字分類

下面我們以最簡單的 MNIST 數字分類為例,給大家介紹一下基礎的 S4TF 程式設計程式實現。

首先,引入 S4TF 模組 TensorFlow、Python 橋接模組 Python、基礎模組 Foundation 和 MNIST 資料集模組 MNIST:

```
import TensorFlow
import Python
import Foundation

import MNIST
```

📁 Swift MNIST Dataset 模組

Swift MNIST Dataset 模組是一個簡單好用的 MNIST 資料集載入模組,基於 Swift 語言,提供了完整的資料集載入 API。

其次,宣告一個最簡單的 MLP 神經網路架構,將輸入的 784 個圖像資料,轉為 10 個神經元的輸出,相關程式如下:

```
struct MLP: Layer {
    // 定義模型的輸入、輸出資料類型
    typealias Input = Tensor<Float>
    typealias Output = Tensor<Float>

    // 定義 flatten 層，將二維矩陣展開為一個一維陣列
    var flatten = Flatten<Float>()
    // 定義全連接層，輸入為 784 個神經元，輸出為 10 個神經元
    var dense = Dense<Float>(inputSize: 784, outputSize: 10)

    @differentiable
    public func callAsFunction(_ input: Input) -> Output {
        var x = input
        x = flatten(x)
        x = dense(x)
        return x
    }
}
```

📁 使用 Layer 協定定義神經網路模型

為了在 Swift 中定義一個神經網路模型，我們需要建立一個 Struct 來實現模型結構，並確保其符合 Layer 協定。

其中，最為核心的部分是宣告 callAsFunction(_:) 方法，來定義輸入和輸出 Tensor 的映射關係。

📁 Swift 參數標籤

在程式中，我們會看到形如 callAsFunction(_ input: Input) 這樣的函數宣告。其中 _ 代表忽略參數標籤。

在 Swift 中，每個函數參數都有一個參數標籤（argument label）以及一個參數名稱（parameter name）。參數標籤主要應用在呼叫函數的情況，使得函數的實際參數與真實命名相連結，方便瞭解實際參數的意義。同時，因為有參數標籤的存在，所以實際參數的順序是可以隨意改變的。

如果你不希望為參數增加標籤，可以使用一個底線（_）來代替一個明確的參數標籤。

接下來，我們實例化這個 MLP 神經網路模型，即實例化 MNIST 資料集，並將其存入變數 imageBatch 和變數 labelBatch：

```
var model = MLP()
let optimizer = Adam(for: model)

let mnist = MNIST()
let ((trainImages, trainLabels), (testImages, testLabels)) = mnist.loadData()

let imageBatch = Dataset(elements: trainImages).batched(32)
let labelBatch = Dataset(elements: trainLabels).batched(32)
```

然後，我們透過對資料集的迴圈，計算模型的梯度 grads 並透過 optimizer.update() 來更新模型的參數進行訓練：

```
for (X, y) in zip(imageBatch, labelBatch) {
    // 計算梯度
    let grads = gradient(at: model) { model -> Tensor<Float> in
        let logits = model(X)
        return softmaxCrossEntropy(logits: logits, labels: y)
    }

    // 最佳化器根據梯度更新模型參數
    optimizer.update(&model.self, along: grads)
}
```

📂 Swift 閉包函數（closure）

Swift 的閉包函數宣告為 { (parameters) -> return type in statements }，其中 parameters 為閉包接受的參數，return type 為閉包運行完畢的返回數值類型，statements 為閉包內的運行程式。

比如上述程式中的 { model -> Tensor<Float> in 這一段，就宣告了一個傳導入參數為 model，返回類型為 Tensor<Float> 的閉包函數。

📂 Swift 尾隨閉包語法（trailing closure syntax）

如果函數需要一個閉包作為參數，且這個參數是最後一個參數，那麼我們可以將閉包函數放在函數參數清單外（也就是括號外），這種格式稱為尾隨閉包。

📂 Swift 輸入輸出參數（in-out parameter）

在 Swift 語言中，函數預設是不可以修改參數值的。為了讓函數能夠修改傳入的參數變數，需要將傳入的參數作為輸入輸出參數。具體表現為需要在參數前加 & 符號，表示這個值可以被函數修改。

📂 最佳化器的參數

最佳化器更新模型參數的方法是 update(variables, along: direction)。其中，variables 是需要更新的模型（內部包含的參數），因為需要被更新，所以我們透過增加 & 在參數變數前，透過引用的方式傳入。direction 是模型參數所對應的梯度，需要透過參數標籤 along 來指定輸入。

最後，我們使用訓練好的模型，在測試資料集上進行檢查，得到模型的準度：

```
let logits = model(testImages)
let acc = mnist.getAccuracy(y: testLabels, logits: logits)

print("Test Accuracy: \(acc)" )
```

以上程式運行輸出為：

```
Downloading train-images-idx3-ubyte ...
Downloading train-labels-idx1-ubyte ...
Reading data.
Constructing data tensors.
Test Accuracy: 0.9116667
```

載入 MNIST 資料集使用了作者封裝的 Swift Module。更方便的是在 Google Colab 上直接打開本例的 Jupyter Notebook 運行。

TensorFlow Quantum：
混合量子－經典機器學習

我們身邊的經典電腦利用位元和邏輯門進行二進位運算。在物理硬體上，這種運算主要是透過半導體的特殊導電性質實現的。經過幾十年的發展，我們已經可以在一片小小的半導體晶片上整合上億個電晶體，從而實現高性能的經典計算。

而量子計算（quantum computing）旨在利用具有量子特性（例如量子態疊加和量子糾纏）的「量子位元」和「量子邏輯門」進行計算。這種新的計算模式可以在搜索和大數分解等重要領域達成指數級的加速，讓當前無法實現的一些超大規模運算成為可能，從而可能在未來改變世界。在物理硬體上，這種量子運算也可以透過一些具有量子特性的結構（例如超導約瑟夫森結）實現。

不幸的是，儘管量子計算的理論已經有了比較深入的發展，可在物理硬體上，我們目前仍然造不出一台超越經典電腦的通用量子電腦[1]。IBM 和 Google 等業界巨頭在通用量子電腦的物理建置上已經獲得了一些成績，但無論是量子位元的個數還是在退相干問題的解決上，都還無法達到實用的層級。

1　本書行文時間為 2020 年，如果你來自未來，請瞭解作者的時代局限性。

以上是量子計算的基本背景，接下來我們討論量子機器學習。量子機器學習的一種最直接的想法是使用量子計算加速傳統的機器學習任務，例如量子版本的 PCA、SVM 和 K-Means 演算法，然而這些演算法目前都尚未達到可實用的程度。我們本章討論的量子機器學習採用另一種想法：建置參數化的量子線路（parameterized quantum circuit，PQC）。PQC 可以作為深度學習模型中的層而被使用，如果我們在普通深度學習模型的基礎上加入 PQC，即稱為混合量子－經典機器學習（hybrid quantum-classical machine learning）。這種混合模型尤其適合於量子資料集（quantum data）上的任務，而 TensorFlow Quantum 正是幫助我們建置這種混合量子－經典機器學習模型的利器。接下來，我們會先簡單介紹量子計算的許多基本概念，然後講解使用 TensorFlow Quantum 和 Google 的量子計算函數庫 Cirq 建置 PQC，將 PQC 嵌入 Keras 模型並在量子資料集上訓練混合模型的流程。

14.1 量子計算基本概念

本節將簡述量子計算的一些基本概念，包括量子位元、量子門、量子線路等。

> **推薦閱讀**
>
> 如果你希望更深入地了解量子力學以及量子計算的基本原理，建議可以從以下兩本書入手。
>
> •《簡明量子力學》[2]（簡潔明快的量子力學入門教學）

2　吳飆著，即將由北京大學出版社出版。

- Quantum Computing: An Applied Approach[3]（注重程式實操的量子計算教學）

14.1.1 量子位元

在二進位的經典電腦中，我們用位元（bit）作為資訊儲存的基本單位，一個二進位位元只有 0 或 1 兩種狀態。而在量子電腦中，我們使用量子位元（quantum bit，簡稱 qubit，也稱「量子位元」）進行資訊的表示。量子位元也有兩種基本狀態 $|0\rangle$ 和 $|1\rangle$，不過它除了可以處於這兩種基本狀態以外，還可以處於兩者之間的疊加態（superposition state），即 $|\psi\rangle = a|0\rangle + b|1\rangle$，其中 a 和 b 是複數，$|a|^2 + |b|^2 = 1$）。舉例來說，$|\psi_0\rangle = \frac{1}{\sqrt{2}}|0\rangle + \frac{1}{\sqrt{2}}|1\rangle$ 和 $|\psi_1\rangle = \frac{1}{\sqrt{2}}|0\rangle + \frac{1}{\sqrt{2}}|1\rangle$ 都是合法的量子態。我們也可以使用向量化的語言來表示量子位元的狀態。如果我們令 $|0\rangle = \begin{bmatrix} 0 \\ 1 \end{bmatrix}$，$|1\rangle = \begin{bmatrix} 0 \\ 1 \end{bmatrix}$，則 $|\psi\rangle = \begin{bmatrix} a \\ b \end{bmatrix}$，$|\psi_0\rangle = \begin{bmatrix} \frac{1}{\sqrt{2}} \\ \frac{1}{\sqrt{2}} \end{bmatrix}$，$|\psi_1\rangle = \begin{bmatrix} \frac{1}{\sqrt{2}} \\ -\frac{1}{\sqrt{2}} \end{bmatrix}$。

同時，我們可以用布洛赫球面（bloch sphere）來形象地展示單一量子位元的狀態。球面的最頂端為 $|0\rangle$，最底端為 $|1\rangle$，從原點到球面上任何一點的單位向量都可以是一個量子位元的狀態。如圖 14-1 所示，Z 軸正負方向的量子態分別為基本態 $|0\rangle$ 和 $|1\rangle$，X 軸正負方向的量子態分別為 $\frac{1}{\sqrt{2}}|0\rangle + \frac{1}{\sqrt{2}}|1\rangle$ 和 $\frac{1}{\sqrt{2}}|0\rangle - \frac{1}{\sqrt{2}}|1\rangle$，$Y$ 軸正負方向的量子態分別為 $\frac{1}{\sqrt{2}}|0\rangle + \frac{i}{\sqrt{2}}|1\rangle$ 和 $\frac{1}{\sqrt{2}}|0\rangle - \frac{i}{\sqrt{2}}|1\rangle$。

3　Jack D. Hidary 著，GitHub 上有配套原始程式。

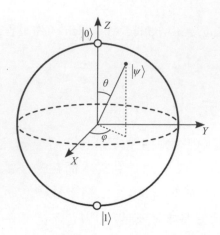

圖 14-1　布洛赫球面（作者：Smite-Meister）

特別值得注意的是，儘管量子位元 $|\psi\rangle = a|0\rangle + b|1\rangle$ 可能的狀態相當之多，但是一旦我們觀測，則其狀態會立即坍縮[4]到$|0\rangle$ 和$|1\rangle$ 這兩個基本狀態中的，機率分別為 $|a|^2$ 和 $|b|^2$。

14.1.2 量子邏輯門

在二進位的經典電腦中，我們有 AND（與）、OR（或）、NOT（非）等邏輯門，對輸入的二進位位元狀態進行變換並輸出。在量子電腦中，我們同樣有量子邏輯門（quantum logic gate，簡稱「量子門」），對量子狀態進行變換並輸出。如果我們使用向量化的語言來表述量子狀態，則量子邏輯門可以看作一個對狀態向量進行變換的矩陣。

舉例來說，量子反閘可以表述為 $X = \begin{bmatrix} 0 & 1 \\ 1 & 0 \end{bmatrix}$，於是當我們將量子反閘作用

---

4 「坍縮」一詞多用於量子觀測的哥本哈根詮釋，除此以外還有多世界理論等。此處使用「坍縮」一詞僅是方便表述。

於基本態時 $|0\rangle = \begin{bmatrix} 0 \\ 1 \end{bmatrix}$，我們得到 $X|0\rangle = \begin{bmatrix} 0 & 1 \\ 1 & 0 \end{bmatrix}\begin{bmatrix} 1 \\ 0 \end{bmatrix} = \begin{bmatrix} 0 \\ 1 \end{bmatrix} = |1\rangle$。量子門也可以

作用在疊加態，例如 $X|\psi_0\rangle = \begin{bmatrix} 0 & 1 \\ 1 & 0 \end{bmatrix}\begin{bmatrix} \frac{1}{\sqrt{2}} \\ \frac{1}{\sqrt{2}} \end{bmatrix} = \begin{bmatrix} \frac{1}{\sqrt{2}} \\ \frac{1}{\sqrt{2}} \end{bmatrix} = |\psi_0\rangle$（這說明量子反閘無

法改變量子態 $|\psi_0\rangle = \frac{1}{\sqrt{2}}|0\rangle + \frac{1}{\sqrt{2}}|1\rangle$ 的狀態。事實上，量子反閘 X 相當於在布洛赫球面上將量子態繞 X 軸旋轉 180 度。而 $|\psi_0\rangle$ 就在 X 軸上，所以沒有變化）。量子及閘和或閘 [5] 由於涉及多個量子位元而稍顯複雜，但同樣可以透過尺寸更大的矩陣實現。

可能有些讀者已經想到了，既然單一量子位元的狀態不只 $|0\rangle$ 和 $|1\rangle$ 兩種，那麼量子邏輯門作為對量子位元的變換，完全可以不侷限於與或非。事實上，滿足一定條件的矩陣 [6] 都可以作為量子邏輯門。舉例來說，將量子態在布洛赫球面上繞 X、Y、Z 軸旋轉的變換 $Rx(\theta)$、$Ry(\theta)$、$Rz(\theta)$（其中是旋轉角度，當 $\theta = 180°$ 時為 X、Y、Z）都是量子邏輯門。另外，有一個量子邏輯門「阿達馬門」（hadamard gate），$H = \frac{1}{\sqrt{2}}\begin{bmatrix} 1 & 1 \\ 1 & -1 \end{bmatrix}$ 可以將量子狀態從基本態轉為疊加態，在很多量子計算的場景中佔據了重要地位。

14.1.3 量子線路

當我們將量子位元以及量子邏輯門按順序標記在一條或多條平行的線條上時，就組成了量子線路（quantum circuit，或稱量子電路）。舉例來說，對於我們在上一節討論的，使用量子反閘 X 對基本態 $|0\rangle$ 進行變換的過

5　其實更常見的基礎二元量子門是「控制反閘」（CNOT）和「交換門」（SWAP）。

6　這種矩陣稱為「么正矩陣」或「酉矩陣」。

程，我們可以寫出如圖 14-2 所示的量子線路。

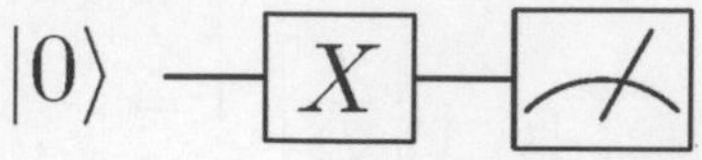

$$|0\rangle -\boxed{X}-\boxed{\angle}$$

圖 14-2　一個簡單的量子線路

在量子線路中，每條橫線代表一個量子位元。圖 14-2 中最左邊的 $|0\rangle$ 代表量子位元的初始態。中間的 X 方塊代表量子反閘 X，最右邊的錶碟符號代表測量操作。這個線路的意義是「對初始狀態為 $|0\rangle$ 的量子位元執行量子反閘 X 操作，並測量變換後的量子位元狀態」。根據我們在前節的討論，變換後的量子位元狀態為基本態 $|1\rangle$，因此我們可以期待該量子線路最後的測量結果始終為 1。

接下來，我們考慮將圖 14-2 中量子線路的量子反閘 X 換為阿達馬門 H，如圖 14-3 所示。

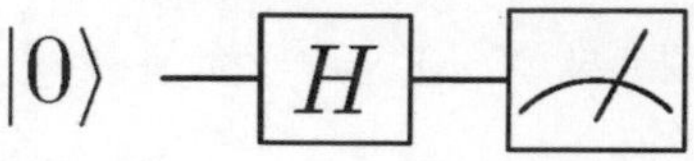

$$|0\rangle -\boxed{H}-\boxed{\angle}$$

圖 14-3　將量子反閘 X 換為阿達馬門 H 後的量子線路

阿達馬門對應的矩陣表示為 $H = \frac{1}{\sqrt{2}}\begin{bmatrix} 1 & 1 \\ 1 & -1 \end{bmatrix}$，於是我們可以計算出變換後的量子態為 $H|0\rangle = \frac{1}{\sqrt{2}}\begin{bmatrix} 1 & 1 \\ 1 & -1 \end{bmatrix}\begin{bmatrix} 1 \\ 0 \end{bmatrix} = \begin{bmatrix} \frac{1}{\sqrt{2}} \\ \frac{1}{\sqrt{2}} \end{bmatrix} = \frac{1}{\sqrt{2}}|0\rangle + \frac{1}{\sqrt{2}}|1\rangle$。這是一個 $|0\rangle$ 和 $|1\rangle$ 的疊加態，在觀測後會坍縮到基本態，其機率分別為 $\left|\frac{1}{\sqrt{2}}\right|^2 = \frac{1}{2}$。也就是說，這個量子線路的觀測結果類似扔硬幣。假若觀測 20 次，大約 10 次的結果是 $|0\rangle$，10 次的結果是 $|1\rangle$。

14.1.4 實例：使用 Cirq 建立簡單的量子線路

Cirq 是 Google 主導的開放原始碼量子計算函數庫，可以幫助我們方便地建立量子線路並模擬測量結果，我們在 14.2 節介紹 TensorFlow Quantum 的時候還會用到它。Cirq 是一個 Python 函數庫，可以使用 pip install cirq 進行安裝。以下程式實現了 14.1.3 節所建立的兩個簡單的量子線路，並分別進行了 20 次的模擬測量：

```python
import cirq

q = cirq.LineQubit(0)                # 實例化一個量子位元
simulator = cirq.Simulator()         # 實例化一個模擬器


X_circuit = cirq.Circuit(            # 建立一個包含量子反閘和測量的量子線路
    cirq.X(q),
    cirq.measure(q)
)
print(X_circuit)                     # 在終端視覺化輸出量子線路

# 使用模擬器對該量子線路進行 20 次的模擬測量
result = simulator.run(X_circuit, repetitions=20)
print(result)                        # 輸出模擬測量結果

H_circuit = cirq.Circuit(            # 建立一個包含阿達馬門和測量的量子線路
    cirq.H(q),
    cirq.measure(q)
)
print(H_circuit)
result = simulator.run(H_circuit, repetitions=20)
print(result)
```

結果如下：

```
0: ——X——M——
0=11111111111111111111
0: ——H——M——
0=00100111001111101100
```

可見第一個量子線路的測量結果始終為 1，第二個量子態的 20 次測量結
果中有 9 次是 0，11 次是 1（如果你多運行幾次，會發現 0 和 1 出現的機
率均趨於 $\frac{1}{2}$）。可見結果符合我們之前的分析。

▌ 14.2 混合量子－經典機器學習

本節介紹混合量子 – 經典機器學習的基本概念，以及使用 TensorFlow
Quantum 建立這種模型的方法。

在混合量子 – 經典機器學習過程中，我們使用量子資料集訓練混合量子 –
經典模型。混合量子 – 經典模型的前半部分是量子模型（即參數化的量
子線路）。量子模型接受量子資料集作為輸入，對輸入使用量子門進行變
換，然後透過測量轉為經典資料。測量後的經典資料登錄經典模型，並
使用正常的損失函數計算模型的損失值。最後，基於損失函數的值計算
模型參數的梯度並更新模型參數。這一過程不僅包括經典模型的參數，
也包括量子模型的參數。具體流程如圖 14-4 所示。

TensorFlow Quantum 是一個與 TensorFlow Keras 結合緊密的，可快速
建立混合量子 – 經典機器學習模型的開放原始碼函數庫，可以使用 pip
install tensorflow-quantum 進行安裝。

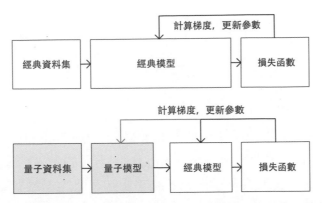

圖 14-4 經典機器學習（上圖）與混合量子－經典機器學習（下圖）的流程比較

後文範例均預設使用以下程式匯入 TensorFlow、TensorFlow Quantum 和
Cirq：

```
import tensorflow as tf
import tensorflow_quantum as tfq
import cirq
```

14.2.1 量子資料集與帶有參數的量子門

以有監督學習為例，經典資料集由經典資料和標籤組成。經典資料中
的每一項是一個由不同特徵組成的向量。我們可以將經典資料集寫作
$(x_1, y_1),(x_2, y_2),\cdots,(x_N, y_N)$，其中 $x_i = (x_{i,1},\cdots,x_{i,K})$。量子資料集同樣由資料
和標籤組成，資料中的每一項是一個量子態。以單量子位元的量子態為
例，我們可以將每一項資料寫作 $x_i = a_i|0\rangle + b_i|1\rangle$。在具體實現上，我們可
以透過量子線路來生成量子資料。也就是說，每一項資料 xi 都對應著一
個量子線路。舉例來說，我們可以透過以下程式，使用 Cirq 生成一組量
子資料：

```
q = cirq.GridQubit(0, 0)
q_data = []
```

```
for i in range(100):
    x_i = cirq.Circuit(
        cirq.rx(np.random.rand() * np.pi)(q)
    )
    q_data.append(x_i)
```

在這一過程中，我們使用了一個帶有參數的量子門 cirq.rx(angle)(q)。和我們之前使用的量子門 cirq.X(q)，cirq.H(q) 不同的是，這個量子門多了一個參數 angle，表示將量子位元 q 繞布洛赫球面的 X 軸旋轉 angle 角度（弧度制）。以上程式生成了 100 項量子資料，每項資料都是從基本態 $|0\rangle$ 開始繞布洛赫球面的 X 軸隨機旋轉 $[0, \pi]$ 弧度所變換而來的量子態。量子資料集在不少量子相關的領域（如化學、材料科學、生物學和藥物發現等）都有應用。

當我們要將量子資料集作為 Keras 的輸入時，可以使用 TensorFlow Quantum 的 convert_to_tensor 方法，將量子資料集轉為張量：

```
q_data = tfq.convert_to_tensor(q_data)
```

值得注意的是，當使用量子資料集作為 Keras 模型的訓練資料時，Keras 模型的輸入類型（dtype）需要為 tf.dtypes.string。

14.2.2 參數化的量子線路

當我們在建立量子線路時使用了帶有參數的量子門，且該參數可以自由調整時，我們就稱這樣的量子線路為參數化的量子線路（PQC）。Cirq 支援結合 SymPy 這一 Python 下的符號運算函數庫實現參數化的量子線路，範例如下：

```
import sympy
theta = sympy.Symbol('theta')
q_model = cirq.Circuit(cirq.rx(theta)(q))
```

在上面的程式中，我們建立了如圖 14-5 所示的量子線路。該量子線路可以將任意輸入量子態 $|\psi\rangle$ 繞布洛赫球面的 X 軸逆時鐘旋轉 θ 度，其中 θ 是使用 sympy.Symbol 宣告的符號變數（即參數）。

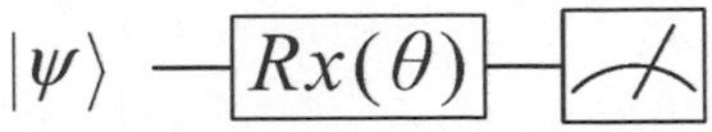

$$|\psi\rangle — \boxed{Rx(\theta)} — \measuredangle$$

圖 14-5　參數化的量子線路範例

14.2.3　將參數化的量子線路嵌入機器學習模型

透過 TensorFlow Quantum，我們可以輕鬆地將參數化的量子線路以 Keras 層的方式嵌入 Keras 模型。例如對於前節建立的參數化的量子線路 q_model，我們可以使用 tfq.layers.PQC 將其直接作為一個 Keras 層使用：

```
q_layer = tfq.layers.PQC(q_model, cirq.Z(q))
expectation_output = q_layer(q_data_input)
```

tfq.layers.PQC 的第一個參數為使用 Cirq 建立的參數化的量子線路，第二個參數為測量方式，此處使用 cirq.Z(q) 在布洛赫球面的 Z 軸進行測量。

以上程式也可直接寫作：

```
expectation_output = tfq.layers.PQC(q_model, cirq.Z(q))(q_data_input)
```

14.2.4　實例：對量子資料集進行二分類

在以下程式中，我們首先建立了一個量子資料集，其中一半的資料項目為基本態 $|0\rangle$ 繞布洛赫球面的 X 軸逆時鐘旋轉 $\frac{\pi}{2}$ 弧度（即 $\frac{1}{\sqrt{2}}|0\rangle - \frac{i}{\sqrt{2}}|1\rangle$），另一半則為 $\frac{3\pi}{2}$ 弧度（即 $\frac{1}{\sqrt{2}}|0\rangle + \frac{i}{\sqrt{2}}|1\rangle$）。所有的資料均加入了繞 X 軸、Y 軸方向旋轉的、標準差為 $\frac{\pi}{4}$ 的高斯雜訊。對於這個量子資料集，如果不

加變換直接測量，則所有資料都會和拋硬幣一樣等機率隨機坍縮到基本
態 $|0\rangle$ 和 $|1\rangle$，從而無法區分。

為了區分這兩種資料，我們接下來建立了一個量子模型，這個模型將單
位量子態繞布洛赫球面的 X 軸逆時鐘旋轉 θ 弧度。變換過後量子態資料
的測量值送入「全連接層 + softmax」的經典機器學習模型，並使用交叉
熵作為損失函數。模型訓練過程會自動調整量子模型中 θ 的值和全連接
層的權值，使得整個混合量子 – 經典機器學習模型的準確度較高。建立
的量子模型的程式如下：

```python
import cirq
import sympy
import numpy as np
import tensorflow as tf
import tensorflow_quantum as tfq

q = cirq.GridQubit(0, 0)

# 準備量子資料集(q_data, label)
add_noise = lambda x: x + np.random.normal(0, 0.25 * np.pi)
q_data = tfq.convert_to_tensor(
    [cirq.Circuit(
        cirq.rx(add_noise(0.5 * np.pi))(q),
        cirq.ry(add_noise(0))(q)
        ) for _ in range(100)] +
    [cirq.Circuit(
        cirq.rx(add_noise(1.5 * np.pi))(q),
        cirq.ry(add_noise(0))(q)
        ) for _ in range(100)]
)
label = np.array([0] * 100 + [1] * 100)

# 建立參數化的量子線路（PQC）
```

```
theta = sympy.Symbol('theta')
q_model = cirq.Circuit(cirq.rx(theta)(q))

# 建立量子層和經典全連接層
q_layer = tfq.layers.PQC(q_model, cirq.Z(q))
dense_layer = tf.keras.layers.Dense(2, activation=tf.keras.activations.softmax)

# 使用 Keras 建立訓練流程。量子資料首先透過 PQC，然後透過經典的全連接模型
q_data_input = tf.keras.Input(shape=() ,dtype=tf.dtypes.string)
expectation_output = q_layer(q_data_input)
classifier_output = dense_layer(expectation_output)
model = tf.keras.Model(inputs=q_data_input, outputs=classifier_output)

# 編譯模型，指定最佳化器、損失函數和評估指標，並進行訓練
model.compile(
    optimizer=tf.keras.optimizers.SGD(learning_rate=0.01),
    loss=tf.keras.losses.sparse_categorical_crossentropy,
    metrics=[tf.keras.metrics.sparse_categorical_accuracy]
)
model.fit(x=q_data, y=label, epochs=200)

# 輸出量子層參數（即 theta）的訓練結果
print(q_layer.get_weights())
```

輸出程式如下：

```
...
200/200 [==========================] - 0s 165us/sample - loss: 0.1586 - sparse_
    categorical_accuracy: 0.9500
[array([[-1.5279944], dtype=float32)]
```

可見，透過訓練，模型在訓練集上可以達到 95% 的準確率，$\theta =$ -1.5279944 $\approx -\frac{\pi}{2} =$ -1.5707963...。而當 $\theta = -\frac{\pi}{2}$ 時，恰好可以使得兩種類型的資料分別接近基本態 $|0\rangle$ 和 $|1\rangle$，從而達到最易區分的狀態。

第五篇

高級篇

圖執行模式下的 **TensorFlow 2**

儘管 TensorFlow 2 建議以即時執行模式作為主要執行模式，但圖執行模式作為 TensorFlow 2 之前的主要執行模式，依舊對於瞭解 TensorFlow 具有重要意義。尤其是當我們需要使用 tf.function 時，對圖執行模式的瞭解更是不可或缺。

圖執行模式在 TensorFlow 1.x 和 TensorFlow 2 中的 API 不同：

- 在 TensorFlow 1.x 中，圖執行模式主要透過「直接建置計算圖 + tf.Session」操作；
- 在 TensorFlow 2 中，圖執行模式主要透過 tf.function 操作。

本章將在 4.5 節的基礎上，進一步對圖執行模式的這兩種 API 進行比較說明，幫助已熟悉 TensorFlow 1.x 的使用者順利過渡到 TensorFlow 2。

> ## 📥 提示
>
> TensorFlow 2 依然支持 TensorFlow 1.x 的 API。為了在 TensorFlow 2 中使用 TensorFlow 1.x 的 API，我們可以使用 import tensorflow.compat.v1 as tf 匯入 TensorFlow，並透過 tf.disable_eager_execution() 禁用預設的即時執行模式。

15.1 TensorFlow 1+1

TensorFlow 的圖執行模式是一個符號式的（基於計算圖的）計算框架。簡而言之，如果你需要進行一系列計算，那麼需要依次進行以下兩步：

(1) 建立一個「計算圖」，這個圖描述了輸入資料如何透過一系列計算得到輸出；
(2) 建立一個階段，並在階段中與計算圖進行互動，即向計算圖傳入計算所需的資料，並從計算圖中獲取結果。

15.1.1 使用計算圖進行基本運算

這裡以計算 1+1 作為入門範例。以下程式透過 TensorFlow 1.x 的圖執行模式 API 計算 1+1：

```python
import tensorflow.compat.v1 as tf
tf.disable_eager_execution()

# 以下 3 行定義了一個簡單的「計算圖」
a = tf.constant(1)   # 定義一個常數張量
b = tf.constant(1)
c = a + b            # 相等於c = tf.add(a, b)，c是張量a和張量b透過tf.add操作
所形成的新張量
# 到此為止，計算圖定義完畢，然而程式還沒有進行任何實質計算
# 如果此時直接輸出張量 c 的值，是無法獲得 c = 2 的結果的

sess = tf.Session()# 實例化一個階段
c_ = sess.run(c)    # 透過階段的run()方法對計算圖裡的節點（張量）進行實際計算
print(c_)
```

輸出結果如下：

```
2
```

而在 TensorFlow 2 中，我們將計算圖的建立步驟封裝在一個函數中，並使用 @tf.function 修飾符號對函數進行修飾。當需要運行此計算圖時，只需呼叫修飾後的函數即可。由此，我們可以將以上程式改寫如下：

```
import tensorflow as tf

# 以下被 @tf.function 修飾的函數定義了一個計算圖
@tf.function
def graph():
    a = tf.constant(1)
    b = tf.constant(1)
    c = a + b
    return c
# 到此為止，計算圖定義完畢。由於 graph() 是一個函數，在它被呼叫之前，程式是不
會進行任何實質計算的
# 只有呼叫函數，才能透過函數返回值，獲得 c = 2 的結果

c_ = graph()
print(c_.numpy())
```

小結

- 在 TensorFlow 1.x 的 API 中，我們直接在主程式中建立計算圖。而在 TensorFlow 2 中，計算圖的建立需要被封裝在一個被 @tf.function 修飾的函數中。

- 在 TensorFlow 1.x 的 API 中，我們透過實例化一個 tf.Session，並使用其 run 方法執行計算圖的實際運算。而在 TensorFlow 2 中，我們透過直接呼叫被 @tf.function 修飾的函數來執行實際運算。

15.1.2 計算圖中的預留位置與資料登錄

上面這個程式只能計算 1+1，以下程式透過 TensorFlow 1.x 的圖執行模式 API 中的 tf.placeholder()（預留位置張量）和 sess.run() 的 feed_dict 參數，展示了如何使用 TensorFlow 計算任意兩個數的和：

```python
import tensorflow.compat.v1 as tf
tf.disable_eager_execution()

a = tf.placeholder(dtype=tf.int32)  # 定義一個預留位置 Tensor
b = tf.placeholder(dtype=tf.int32)
c = a + b

a_ = int(input("a = "))  # 從終端讀取一個整數並放入變數 a_
b_ = int(input("b = "))

sess = tf.Session()
c_ = sess.run(c, feed_dict={a: a_, b: b_})  # feed_dict 參數傳入為了計算 c
所需要的張量的值
print("a + b = %d" % c_)
```

運行程式：

```
>>> a = 2
>>> b = 3
a + b = 5
```

而在 TensorFlow 2 中，我們可以透過為函數指定參數來實現與預留位置張量相同的功能。想要在計算圖執行時期送入預留位置資料，只需在呼叫被修飾後的函數時，將資料作為參數傳入即可。由此，我們可以將以上程式改寫如下：

```python
import tensorflow as tf

@tf.function
```

```
def graph(a, b):
    c = a + b
    return c


a_ = int(input("a = "))
b_ = int(input("b = "))
c_ = graph(a_, b_)
print("a + b = %d" % c_)
```

小結

在 TensorFlow 1.x 的 API 中，我們使用 tf.placeholder() 在計算圖中宣告預留位置張量，並透過 sess.run() 的 feed_dict 參數向計算圖中的預留位置傳入實際資料。而在 TensorFlow 2 中，我們使用 tf.function 的函數參數作為預留位置張量，透過向被 @tf.function 修飾的函數傳遞參數，來為計算圖中的預留位置張量提供實際資料。

15.1.3 計算圖中的變數

1. 變數的宣告

變數（variable）是一種特殊類型的張量，在 TensorFlow 1.x 的圖執行模式 API 中使用 tf.get_variable() 建立。與程式語言中的變數很相似，使用變數前需要先初始化，變數內儲存的值可以在計算圖的計算過程中被修改。以下範例程式展示了如何使用 TensorFlow 1.x 的圖執行模式 API 建立一個變數，將其值初始化為 0，並逐次累加 1：

```
import tensorflow.compat.v1 as tf
tf.disable_eager_execution()


a = tf.get_variable(name='a', shape=[])
initializer = tf.assign(a, 0.0)    # tf.assign(x, y)返回一個 "將張量 y 的值指
```

```
定給變數 x" 的操作
plus_one_op = tf.assign(a, a + 1.0)

sess = tf.Session()
sess.run(initializer)
for i in range(5):
    sess.run(plus_one_op)          # 對變數 a 執行加一操作
    print(sess.run(a))             # 輸出此時變數 a 在當前階段的計算圖中的值
```

輸出程式如下：

```
1.0
2.0
3.0
4.0
5.0
```

📥 提示

為了初始化變數，也可以在宣告變數時指定初始化器（initializer），並透過 tf.global_variables_initializer() 一次性初始化所有變數，在實際專案中更常用：

```
import tensorflow.compat.v1 as tf
tf.disable_eager_execution()

a = tf.get_variable(name='a', shape=[],
    initializer=tf.zeros_initializer)    # 指定初始化器為全 0 初始化
plus_one_op = tf.assign(a, a + 1.0)

sess = tf.Session()
sess.run(tf.global_variables_initializer()) # 初始化所有變數
for i in range(5):
    sess.run(plus_one_op)
    print(sess.run(a))
```

在 TensorFlow 2 中，我們透過實例化 tf.Variable 類別來宣告變數。由此，我們可以將以上程式改寫如下：

```python
import tensorflow as tf

a = tf.Variable(0.0)

@tf.function
def plus_one_op():
    a.assign(a + 1.0)
    return a

for i in range(5):
    plus_one_op()
    print(a.numpy())
```

小結

在 TensorFlow 1.x 的 API 中，我們使用 tf.get_variable() 在計算圖中宣告變數節點。而在 TensorFlow 2 中，我們直接透過 tf.Variable 實例化變數物件，並在計算圖中使用這一變數物件。

2. 變數的作用域與重用

在 TensorFlow 1.x 中，我們建立模型時經常需要指定變數的作用域，以及重複使用變數。此時，TensorFlow 1.x 的圖執行模式 API 為我們提供了參數 tf.variable_scope() 及 reuse 參數來實現變數作用域和重複使用變數的功能。以下例子使用 TensorFlow 1.x 的圖執行模式 API 建立了一個三層的全連接神經網路，其中第三層重複使用了第二層的變數：

```python
import tensorflow.compat.v1 as tf
import numpy as np
```

```
tf.disable_eager_execution()

def dense(inputs, num_units):
    weight = tf.get_variable(name='weight', shape=[inputs.shape[1], num_units])
    bias = tf.get_variable(name='bias', shape=[num_units])
    return tf.nn.relu(tf.matmul(inputs, weight) + bias)

def model(inputs):
    with tf.variable_scope('dense1'):    # 限定變數的作用域為 dense1
        x = dense(inputs, 10) # 宣告了 dense1/weight 和 dense1/bias 兩個變數
    with tf.variable_scope('dense2'):    # 限定變數的作用域為 dense2
        x = dense(x, 10)      # 宣告了 dense2/weight 和 dense2/bias 兩個變數
    with tf.variable_scope('dense2', reuse=True): # 第三層重複使用第二層的變數
        x = dense(x, 10)
    return x

inputs = tf.placeholder(shape=[10, 32], dtype=tf.float32)
outputs = model(inputs)
print(tf.global_variables())      # 輸出當前計算圖中的所有變數節點
sess = tf.Session()
sess.run(tf.global_variables_initializer())
outputs_ = sess.run(outputs, feed_dict={inputs: np.random.rand(10, 32)})
print(outputs_)
```

在上例中，計算圖的所有變數節點為：

```
[<tf.Variable 'dense1/weight:0' shape=(32, 10) dtype=float32>,
 <tf.Variable 'dense1/bias:0' shape=(10,) dtype=float32>,
 <tf.Variable 'dense2/weight:0' shape=(10, 10) dtype=float32>,
 <tf.Variable 'dense2/bias:0' shape=(10,) dtype=float32>]
```

可見，如果有變數在 tf.variable_scope() 的上下文中透過 tf.get_variable 建立，則 tf.variable_scope() 會為這些變數的名稱增加「字首」或「作用域」，使得變數在計算圖中的層次結構更為清晰。舉例來說，在 dense1 作用域下建立的 weight 變數名稱為 dense1/weight，在 dense2 作用域下建立的 weight 變數名稱為 dense2/weight。這種作用域機制使得不同「作用域」下的名稱相同變數各司其職，不會衝突。同時，雖然我們在上例中呼叫了 3 次 dense 函數，即呼叫了 6 次 tf.get_variable 函數，但實際建立的變數節點只有 4 個，這就是 tf.variable_scope() 的 reuse 參數所造成的作用。當 reuse=True，tf.get_variable 遇到名稱重複變數時將自動獲取先前建立的名稱相同變數，而不會新建變數，從而達到變數重用的目的。

而在 TensorFlow 2 的圖執行模式 API 中，不再鼓勵使用 tf.variable_scope()，而應當使用 tf.keras.layers.Layer 和 tf.keras.Model 來封裝程式和指定作用域，具體可參考第 3 章。上面的例子與下面基於 tf.keras 和 tf.function 的程式相等：

```python
import tensorflow as tf
import numpy as np


class Dense(tf.keras.layers.Layer):
    def __init__(self, num_units, **kwargs):
        super().__init__(**kwargs)
        self.num_units = num_units

    def build(self, input_shape):
        self.weight = self.add_variable(name='weight', shape=[input_shape[-1],
            self.num_units])
        self.bias = self.add_variable(name='bias', shape=[self.num_units])

    def call(self, inputs):
```

```
            y_pred = tf.matmul(inputs, self.weight) + self.bias
            return y_pred

class Model(tf.keras.Model):
    def __init__(self):
        super().__init__()
        self.dense1 = Dense(num_units=10, name='dense1')
        self.dense2 = Dense(num_units=10, name='dense2')

    @tf.function
    def call(self, inputs):
        x = self.dense1(inputs)
        x = self.dense2(inputs)
        x = self.dense2(inputs)
        return x

model = Model()
print(model(np.random.rand(10, 32)))
```

我們可以注意到，在 TensorFlow 2 中，變數的作用域以及重複使用變數的問題自然地淡化了。基於 Python 類別的模型建立方式自然地為變數指定了作用域，而變數的重用也可以透過簡單地多次呼叫同一個層來實現。

為了詳細了解上面的程式對變數作用域的處理方式，我們使用 get_concrete_function 匯出計算圖，並輸出計算圖中的所有變數節點：

```
graph = model.call.get_concrete_function(np.random.rand(10, 32))
print(graph.variables)
```

輸出如下：

```
(<tf.Variable 'dense1/weight:0' shape=(32, 10) dtype=float32, numpy=...>,
 <tf.Variable 'dense1/bias:0' shape=(10,) dtype=float32, numpy=...>,
```

```
<tf.Variable 'dense2/weight:0' shape=(32, 10) dtype=float32, numpy=...>,
<tf.Variable 'dense2/bias:0' shape=(10,) dtype=float32, numpy=...)
```

可見，TensorFlow 2 的圖執行模式在變數的作用域上與 TensorFlow 1.x 實際保持了一致。我們透過 name 參數為每個層指定的名稱將成為層內變數的作用域。

小結

在 TensorFlow 1.x 的 API 中，使用 tf.variable_scope() 及 reuse 參數來實現變數作用域和重複使用變數的功能。在 TensorFlow 2 中，使用 tf.keras.layers.Layer 和 tf.keras.Model 來封裝程式和指定作用域，從而使變數的作用域以及重複使用變數的問題自然淡化。兩者的實質是一樣的。

▌15.2 自動求導機制與最佳化器

在本節中，我們將對 TensorFlow 1.x 和 TensorFlow 2 在圖執行模式下的自動求導機制進行較深入的比較說明。

15.2.1 自動求導機制

我們首先回顧 TensorFlow 1.x 中的自動求導機制。在 TensorFlow 1.x 的圖執行模式 API 中，可以使用 tf.gradients(y, x) 來計算計算圖中的張量節點 y 相對於變數 x 的導數。以下範例展示了在 TensorFlow 1.x 的圖執行模式 API 中計算 $y = x^2$ 在 $x = 3$ 時的導數：

```
x = tf.get_variable('x', dtype=tf.float32, shape=[], initializer=
    tf.constant_initializer(3.))
```

```
y = tf.square(x)    # y = x ^ 2
y_grad = tf.gradients(y, x)
```

在以上程式中，計算圖中的節點 y_grad 為 y 相對於 x 的導數。

而在 TensorFlow 2 的圖執行模式 API 中，我們使用 tf.GradientTape 這一上下文管理器封裝需要求導的計算步驟，並使用其 gradient 方法求導，程式範例如下：

```
x = tf.Variable(3.)
@tf.function
def grad():
    with tf.GradientTape() as tape:
        y = tf.square(x)
    y_grad = tape.gradient(y, x)
    return y_grad
```

小結

在 TensorFlow 1.x 中，我們使用 tf.gradients() 求導。而在 TensorFlow 2 中，我們使用 tf.GradientTape 這一上下文管理器封裝需要求導的計算步驟，並使用其 gradient 方法求導。

15.2.2 最佳化器

由於機器學習中的求導往往伴隨著最佳化，所以 TensorFlow 中更常用的是最佳化器（optimizer）。在 TensorFlow 1.x 的圖執行模式 API 中，我們往往使用 tf.train 中的各種最佳化器，將求導和調整變數值的步驟合二為一。舉例來說，以下程式片段在計算圖型建置過程中，使用 tf.train.GradientDescentOptimizer 這一梯度下降最佳化器最佳化損失函數 loss：

```
y_pred = model(data_placeholder)      # 模型建置
loss = ...                            # 計算模型的損失函數 loss
optimizer = tf.train.GradientDescentOptimizer(learning_rate=0.001)
train_one_step = optimizer.minimize(loss)
# 上面一步也可拆分為
# grad = optimizer.compute_gradients(loss)
# train_one_step = optimizer.apply_gradients(grad)
```

在以上程式中，train_one_step 為一個將求導和變數值更新合二為一的計算圖節點（操作），也就是訓練過程中的「一步」。特別需要注意的是，對於最佳化器的 minimize 方法而言，只需要指定待最佳化的損失函數張量節點 loss 即可，求導的變數可以自動從計算圖中獲得（即 tf.trainable_variables）。在計算圖型建置完成後，只需啟動階段，使用 sess.run 方法運行 train_one_step 這一計算圖節點，並透過 feed_dict 參數送入訓練資料，即可完成一步訓練。程式片段如下：

```
for data in dataset:
    data_dict = ... # 將訓練所需資料放入字典 data 內
    sess.run(train_one_step, feed_dict-data_dict)
```

而在 TensorFlow 2 的 API 中，無論是圖執行模式還是即時執行模式，均先使用 tf.GradientTape 進行求導操作，然後再使用最佳化器的 apply_gradients 方法應用已求得的導數，進行變數值的更新，這一過程和 TensorFlow 1.x 中最佳化器的 compute_gradients + apply_gradients 十分類似。同時，在 TensorFlow 2 中，無論是求導還是使用導數更新變數值，都需要顯性地指定變數。計算圖的建置程式結構如下：

```
optimizer = tf.keras.optimizer.SGD(learning_rate=...)


@tf.function
```

```
def train_one_step(data):
    with tf.GradientTape() as tape:
        y_pred = model(data)       # 模型建置
        loss = ...                 # 計算模型的損失函數 loss
    grad = tape.gradient(loss, model.variables)
    optimizer.apply_gradients(grads_and_vars=zip(grads, model.variables))
```

在計算圖型建置完成後,我們直接呼叫 train_one_step 函數並送入訓練資料即可:

```
for data in dataset:
    train_one_step(data)
```

小結

在 TensorFlow 1.x 中,我們多使用最佳化器的 minimize 方法,將「求導」和「變數值更新」這兩個過程合二為一。而在 TensorFlow 2 中,我們需要先使用 tf.GradientTape 進行求導操作,再使用最佳化器的 apply_gradients 方法應用已求得的導數,進行變數值的更新。而且這兩步都需要顯性指定待求導和待更新的變數。

15.2.3* 自動求導機制的計算圖比較

為了幫助讀者更深刻地瞭解 TensorFlow 的自動求導機制,本節我們以前面的「計算 $y = x^2$ 在 $x = 3$ 時的導數」為例,展示 TensorFlow 1.x 和 TensorFlow 2 在圖執行模式下,為這一求導過程所建立的計算圖,並進行詳細講解。

在 TensorFlow 1.x 的圖執行模式 API 中,將生成的計算圖使用 TensorBoard 進行展示,如圖 15-1 所示。

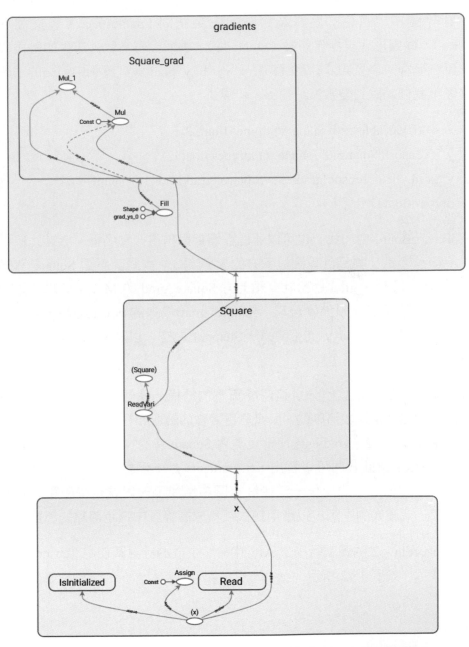

圖 15-1　使用 TensorFlow 1.x 的圖執行模式 API 生成的計算圖

在計算圖中，灰色的區塊為節點的命名空間（namespace，後文簡稱「塊」），橢圓形代表操作節點（OpNode），圓形代表常數，灰色的箭頭代表資料流程。為了弄清計算圖節點 x、y 和 y_grad 與計算圖中節點的對應關係，我們將這些變數節點輸出，可見：

- x：<tf.Variable 'x:0' shape=() dtype=float32>
- y：Tensor("Square:0", shape=(), dtype=float32)
- y_grad：[<tf.Tensor 'gradients/Square_grad/Mul_1:0' shape=() dtype=float32>]

在 TensorBoard 中，我們也可以通過點擊節點獲得節點名稱。透過比較可以得知，變數 x 對應計算圖最下方的 x，節點 y 對應計算圖 Square 塊的 (Square)，節點 y_grad 對應計算圖上方 Square_grad 的 Mul_1 節點。同時我們還可以通過點擊節點發現，Square_grad 塊裡的 const 節點值為 2，gradients 塊裡的 grad_ys_0 值為 1，Shape 值為空，以及 x 塊的 const 節點值為 3。

接下來，我們開始具體分析這個計算圖的結構。我們可以注意到，這個計算圖的結構是比較清晰的，x 塊負責變數的讀取和初始化，Square 塊負責求平方 y = x^2，gradients 塊則負責對 Square 塊的操作求導，即計算 y_grad = 2*x。由此我們可以看出，tf.gradients 是一個相比較較「龐大」的操作，並非如一般的操作一樣往計算圖中增加了一個或幾個節點，而是建立了一個龐大的子圖，以應用鏈式法則求計算圖中特定節點的導數。

在 TensorFlow 2 的圖執行模式 API 中，將生成的計算圖使用 TensorBoard 進行展示，如圖 15-2 所示。

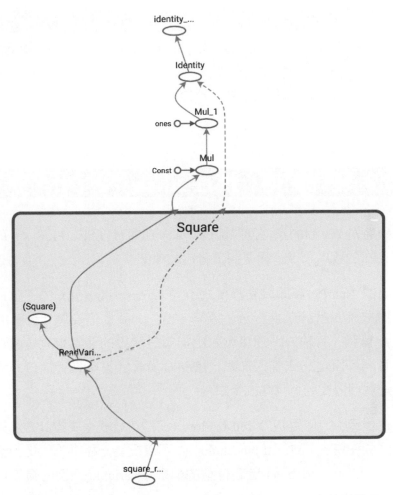

圖 15-2 使用 TensorFlow 2 的圖執行模式 API 生成的計算圖

我們可以注意到，除了求導過程沒有封裝在 gradients 塊內，以及變數的處理簡化以外，其他的區別並不大。由此，我們可以看出，在圖執行模式下，tf.GradientTape 上下文管理器的 gradient 方法和 TensorFlow 1.x 的 tf.gradients 是基本相等的。

> **小結**
>
> 對於 TensorFlow 1.x 中的 tf.gradients 和 TensorFlow 2 圖執行模式下的 tf.GradientTape 上下文管理器，儘管二者在 API 層面的呼叫方法略有不同，但最終生成的計算圖是基本一致的。

15.3 基礎範例：線性回歸

本節我們將為 2.3 節的線性回歸範例提供一個基於 TensorFlow 1.x 的圖執行模式 API 的版本，供有需要的讀者比較參考。

與 2.3 節的 NumPy 和即時執行模式不同，TensorFlow 1.x 的圖執行模式使用符號式程式設計來進行數值運算。首先，我們需要將待計算的過程抽象為計算圖，將輸入、運算和輸出都用符號化的節點來表達。然後，我們將資料不斷地送入輸入節點，讓資料沿著計算圖進行計算和流動，最終到達我們需要的特定輸出節點。

以下程式展示了如何用基於 TensorFlow 1.x 的符號式程式設計方法完成與前節相同的任務。其中，tf.placeholder() 可以視為一種「符號化的輸入節點」，使用 tf.get_variable() 定義模型的參數（Variable 類型的張量可以使用 tf.assign() 操作進行設定值），而 sess.run(output_node, feed_dict={input_node: data}) 可以視作將資料送入輸入節點，沿著計算圖型計算並到達輸出節點並返回值的過程。

```
import tensorflow.compat.v1 as tf
tf.disable_eager_execution()

# 定義資料流程圖
```

```
learning_rate_ = tf.placeholder(dtype=tf.float32)
X_ = tf.placeholder(dtype=tf.float32, shape=[5])
y_ = tf.placeholder(dtype=tf.float32, shape=[5])
a = tf.get_variable('a', dtype=tf.float32, shape=[], initializer=
tf.zeros_initializer)
b = tf.get_variable('b', dtype=tf.float32, shape=[], initializer=
tf.zeros_initializer)

y_pred = a * X_ + b
loss = tf.constant(0.5) * tf.reduce_sum(tf.square(y_pred - y_))

# 反向傳播，手動計算變數（模型參數）的梯度
grad_a = tf.reduce_sum((y_pred - y_) * X_)
grad_b = tf.reduce_sum(y_pred - y_)

# 梯度下降法，手動更新參數
new_a = a - learning_rate_ * grad_a
new_b = h - learning_rate_ * grad_b
update_a = tf.assign(a, new_a)
update_b = tf.assign(b, new_b)

train_op = [update_a, update_b]
# 資料流程圖定義到此結束
# 注意，直到目前，我們都沒有進行任何實質的資料計算，僅是定義了一個資料圖

num_epoch = 10000
learning_rate = 1e-3
with tf.Session() as sess:
    # 初始化變數 a 和 b
    tf.global_variables_initializer().run()
    # 迴圈將資料送入上面建立的資料流程圖中進行計算和更新變數
    for e in range(num_epoch):
```

```
        sess.run(train_op, feed_dict={X_: X, y_: y, learning_rate_:
learning_rate})
    print(sess.run([a, b]))
```

15.3.1 自動求導機制

在上面的兩個範例中，我們都是透過手工計算來獲得損失函數關於各參數的偏導數的。但當模型和損失函數都變得十分複雜時（尤其是深度學習模型），這種手動求導的工程量就難以被接受了。因此，在 TensorFlow 1.x 版本的圖執行模式中，TensorFlow 同樣提供了自動求導機制。類似即時執行模式下的 tape.grad(ys, xs)，可以利用 TensorFlow 的求導操作 tf.gradients(ys, xs) 來求出損失函數 loss 關於 a 和 b 的偏導數。因此，我們可以將前面兩行手工計算導數的程式：

```
# 反向傳播，手動計算變數（模型參數）的梯度
grad_a = tf.reduce_sum((y_pred - y_) * X_)
grad_b = tf.reduce_sum(y_pred - y_)
```

替換為：

```
grad_a, grad_b = tf.gradients(loss, [a, b])
```

計算結果將不會改變。

15.3.2 最佳化器

TensorFlow 1.x 版本的圖執行模式也附帶多種最佳化器（optimizer），可以將求導和梯度更新一併完成。我們可以將上節的程式：

```
# 反向傳播，手動計算變數（模型參數）的梯度
grad_a = tf.reduce_sum((y_pred - y_) * X_)
grad_b = tf.reduce_sum(y_pred - y_)
```

```
# 梯度下降法，手動更新參數
new_a = a - learning_rate_ * grad_a
new_b = b - learning_rate_ * grad_b
update_a = tf.assign(a, new_a)
update_b = tf.assign(b, new_b)


train_op = [update_a, update_b]
```

整體替換為：

```
optimizer = tf.train.GradientDescentOptimizer(learning_rate=learning_rate_)
grad = optimizer.compute_gradients(loss)
train_op = optimizer.apply_gradients(grad)
```

這裡，我們先實例化了一個 TensorFlow 中的梯度下降最佳化器 tf.train.
GradientDescent-Optimizer() 並設定學習率。然後利用其 compute_
gradients(loss) 方法求出 loss 對所有變數（參數）的梯度。最後透過
apply_gradients(grad) 方法，根據前面算出的梯度來更新變數（參數）的
值。

以上三行程式相等於下面一行程式：

```
train_op = tf.train.GradientDescentOptimizer(learning_rate=learning_rate_).
minimize(loss)
```

使用自動求導機制和最佳化器簡化後的程式如下：

```
import tensorflow.compat.v1 as tf
tf.disable_eager_execution()


learning_rate_ = tf.placeholder(dtype=tf.float32)
X_ = tf.placeholder(dtype=tf.float32, shape=[5])
y_ = tf.placeholder(dtype=tf.float32, shape=[5])
```

```
a = tf.get_variable('a', dtype=tf.float32, shape=[], initializer=tf.zeros_
initializer)
b = tf.get_variable('b', dtype=tf.float32, shape=[], initializer=tf.zeros_
initializer)

y_pred = a * X_ + b
loss = tf.constant(0.5) * tf.reduce_sum(tf.square(y_pred - y_))

# 反向傳播，利用 TensorFlow 的梯度下降最佳化器自動計算並更新變數（模型參數）
的梯度
train_op = tf.train.GradientDescentOptimizer(learning_rate=learning_rate_).
minimize(loss)

num_epoch = 10000
learning_rate = 1e-3
with tf.Session() as sess:
    tf.global_variables_initializer().run()
    for e in range(num_epoch):
        sess.run(train_op, feed_dict={X_: X, y_: y, learning_rate_:
learning_rate})
    print(sess.run([a, b]))
```

16

tf.GradientTape 詳解

tf.GradientTape 的出現是 TensorFlow 2 最大的變化之一。它以一種簡潔優雅的方式，為 TensorFlow 的即時執行模式和圖執行模式提供了統一的自動求導 API。不過對於從 TensorFlow 1.x 過渡到 TensorFlow 2 的開發人員而言，也增加了一定的學習門檻。本章即在 2.2 節的基礎上，詳細介紹 tf.GradientTape 的使用方法及機制。

▌16.1 基本使用

tf.GradientTape 是一個記錄器，能夠記錄在其上下文環境中的計算步驟和操作，並用於自動求導。使用方法分為兩步：

(1) 使用 with 敘述，將需要求導的計算步驟封裝在 tf.GradientTape 的上下文中；

(2) 使用 tf.GradientTape 的 gradient 方法計算導數。

回顧 2.2 節所舉的例子，使用 tf.GradientTape() 計算函數 $y(x)=x^2$ 在 $x=3$ 時的導數：

```
import tensorflow as tf

x = tf.Variable(initial_value=3.)
with tf.GradientTape() as tape:      # 在 tf.GradientTape() 的上下文內，所有
計算步驟都會被記錄以用於求導
    y = tf.square(x)
y_grad = tape.gradient(y, x)         # 計算 y 關於 x 的導數
print([y, y_grad])
```

在這裡，初學者往往不懂此處 with 敘述的用法，即「為什麼離開了上下文環境，tape 還可以被使用？」這樣的疑惑是有一定道理的，因為在實際應用中，with 敘述大多用於對資源進行存取的場合，保證資源在使用後得到恰當的清理或釋放，例如我們熟悉的檔案寫入：

```
with open('test.txt', 'w') as f:    # open() 是檔案資源的上下文管理器，f 是
檔案資源物件
    f.write('hello world')
f.write('another string')   # 顯示出錯，因為離開上下文環境時，資源物件 f 被其
上下文管理器所釋放
```

在 TensorFlow 2 中，儘管 tf.GradientTape 也可以被視為一種「資源」的上下文管理器，但和傳統的資源有所區別。傳統的資源在進入上下文管理器時獲取資源物件，離開時釋放資源物件，因此在離開上下文環境後再存取資源物件往往無效。而 tf.GradientTape 是在進入上下文管理器時新建記錄器並開啟記錄，離開上下文管理器時讓記錄器停止記錄。停止記錄不代表記錄器被釋放。事實上，記錄器所記錄的資訊仍然保留，只是不再記錄新的資訊。因此 tape 的 gradient 方法依然可以使用，以利用已記錄的資訊計算導數。我們使用以下範例程式來說明這一點：

```
import tensorflow as tf
```

```
x = tf.Variable(initial_value=3.)
with tf.GradientTape() as tape:  # tf.GradientTape() 是上下文管理器，tape 是記錄器
    y = tf.square(x)
    with tape.stop_recording():  # 在上下文管理器內，記錄進行中，暫時停止記錄成功
        print('temporarily stop recording')
with tape.stop_recording():      # 在上下文管理器外，記錄已停止，嘗試暫時停止記
錄顯示出錯
    pass
y_grad = tape.gradient(y, x)     # 在上下文管理器外，tape 的記錄資訊仍然保留，
導數計算成功
```

在以上程式中，tape.stop_recording() 上下文管理器可以暫停計算步驟的記錄。也就是説，在該上下文內的計算步驟都無法使用 tape 的 gradient 方法求導。在第一次呼叫 tape.stop_recording() 時，tape 是處於記錄狀態的，因此呼叫成功。而第二次呼叫 tape.stop_recording() 時，由於 tape 已經離開了 tf.GradientTape 上下文，在離開時 tape 的記錄狀態被停止，所以呼叫失敗，顯示出錯：ValueError: Tape is not recording.（記錄器已經停止記錄）。

16.2 監視機制

在 tf.GradientTape 中，透過監視（watch）機制來決定 tf.GradientTape 可以對哪些變數求導。在預設情況下，可訓練（trainable）的變數（如 tf.Variable）會被自動加入 tf.GradientTape 的監視清單，因此 tf.GradientTape 可以直接對這些變數求導。而另一些類型的張量（例如 tf.Constant）不在預設清單中，若需要對這些張量求導，需要使用 watch 方法手動將張量加入監視清單中。以下範例程式説明了這一點：

```
import tensorflow as tf

x = tf.constant(3.)                    # x 為常數類型張量，預設無法對其求導
with tf.GradientTape() as tape:
    y = tf.square(x)
y_grad_1 = tape.gradient(y, x)         # 求導結果為 None
with tf.GradientTape() as tape:
    tape.watch(x)                      # 使用 tape.watch 手動將 x 加入監視清單
    y = tf.square(x)
y_grad_2 = tape.gradient(y, x)         # 求導結果為 tf.Tensor(6.0, shape=(),
dtype=float32)
```

如果你希望自己掌控需要監視的變數，可以將 watch_accessed_ variables=False 選項傳入 tf.GradientTape，並使用 watch 方法手動一個一個加入需要監視的變數。

▌ 16.3 高階求導

tf.GradientTape 支援巢狀結構使用。透過巢狀結構 tf.GradientTape 上下文管理器，可以輕鬆地實現二階、三階甚至更多階的求導。以下範例程式計算了 $y(x)=x^2$ 在 $x=3$ 時的一階導數 dy_dx 和二階導數 d2y_dx2：

```
import tensorflow as tf

x = tf.Variable(3.)
with tf.GradientTape() as tape_1:
    with tf.GradientTape() as tape_2:
        y = tf.square(x)
    dy_dx = tape_2.gradient(y, x)      # 值為 6.0
d2y_dx2 = tape_1.gradient(dy_dx, x)    # 值為 2.0
```

由於 $\dfrac{dy}{dx} = 2x$，$\dfrac{d^2y}{dx^2} = \dfrac{d}{dx}\dfrac{dy}{dx} = 2$，故期望值為 dy_dx = 2 * 3 = 6，d2y_dx2 = 2，可見實際計算值與預期結果相符。

我們可以從上面的程式中看出，高階求導實際上是透過對使用 tape 的 gradient 方法求得的導數繼續求導來實現的。也就是說，求導操作（即 tape 的 gradient 方法）和其他計算步驟（如 y = tf.square(x)）沒有什麼本質的不同，同樣是可以被 tf.GradientTape 記錄的計算步驟。

▌ 16.4 持久保持記錄與多次求導

在預設情況下，每個 tf.GradientTape 的記錄器在呼叫一次 gradient 方法後，其記錄的資訊就會被釋放，也就是說這個記錄器就無法再使用了。但如果我們要多次呼叫 gradient 方法進行求導，可以將 persistent=True 參數傳入 tf.GradientTape，使得該記錄器持久保持記錄的資訊。並在求導完成後手工使用 del 釋放記錄器資源。以下範例展示了用一個持久的記錄器 tape 分別計算 $y(x)=x^2$ 在 $x=3$ 時的導數，以及 $y(x)=x^3$ 在 $x=2$ 時的導數：

```python
import tensorflow as tf

x_1 = tf.Variable(3.)
x_2 = tf.Variable(2.)
with tf.GradientTape(persistent=True) as tape:
    y_1 = tf.square(x_1)
    y_2 = tf.pow(x_2, 3)
y_grad_1 = tape.gradient(y_1, x_1)    # 6.0 = 2 * 3.0
y_grad_2 = tape.gradient(y_2, x_2)    # 12.0 = 3 * 2.0 ^ 2
del tape
```

▎16.5 圖執行模式

在圖執行模式（即使用 tf.function 封裝計算圖）下也可以使用 tf.GradientTape。此時，它與 TensorFlow 1.x 中的 tf.gradients 大致相同。詳情見 15.2.3 節。

▎16.6 性能最佳化

由於 tf.GradientTape 上下文中的任何計算步驟都會被記錄器所記錄，所以為了提高 tf.GradientTape 的記錄效率，應當儘量只將需要求導的計算步驟封裝在 tf.GradientTape 的上下文中。如果需要在中途臨時加入一些無須記錄求導的計算步驟，可以使用 16.1 節介紹的 tape.stop_recording() 來暫停上下文記錄器的記錄。同時，正如我們在 16.3 節所介紹的那樣，求導動作本身（即 tape 的 gradient 方法）也是一個計算步驟。因此，一般而言，除非需要進行高階求導，否則應當避免在 tf.GradientTape 的上下文內呼叫其 gradient 方法，這會導致求導操作本身被 GradientTape 記錄，從而造成效率的降低：

```
import tensorflow as tf

x = tf.Variable(3.)
with tf.GradientTape(persistent=True) as tape:
    y = tf.square(x)
    y_grad = tape.gradient(y, x)    # 如果後續並不需要對 y_grad 求導，則不建議
在上下文環境中求導
    with tape.stop_recording():    # 對於無須記錄求導的計算步驟，可以暫停記錄
器後計算
        y_grad_not_recorded = tape.gradient(y, x)
```

```
d2y_dx2 = tape.gradient(y_grad, x)   # 如果後續需要對 y_grad 求導,則 y_grad
```
必須寫在上下文中

16.7 實例:對神經網路的各層變數獨立求導

在實際的訓練流程中,我們有時需要對 tf.keras.Model 模型的部分變數求導,或對模型不同部分的變數採取不同的最佳化策略。此時,我們可以透過模型中各個 tf.keras.layers.Layer 層的 variables 屬性取出層內的部分變數,並對這部分變數單獨應用最佳化器。以下範例展示了使用一個持久的 tf.GradientTape 記錄器,對 3.2 節中多層感知機的第一層和第二層獨立進行最佳化的過程:

```python
import tensorflow as tf
from zh.model.mnist.mlp import MLP
from zh.model.utils import MNISTLoader

num_epochs = 5
batch_size = 50
learning_rate_1 = 0.001
learning_rate_2 = 0.01

model = MLP()
data_loader = MNISTLoader()
# 宣告兩個最佳化器,設定不同的學習率,分別用於更新 MLP 模型的第一層和第二層
optimizer_1 = tf.keras.optimizers.Adam(learning_rate=learning_rate_1)
optimizer_2 = tf.keras.optimizers.Adam(learning_rate=learning_rate_2)
num_batches = int(data_loader.num_train_data // batch_size * num_epochs)
for batch_index in range(num_batches):
    X, y = data_loader.get_batch(batch_size)
    with tf.GradientTape(persistent=True) as tape:    # 宣告一個持久的
```

GradientTape，允許我們多次呼叫 tape.gradient 方法

```
        y_pred = model(X)
        loss = tf.keras.losses.sparse_categorical_crossentropy(y_true=y,
y_pred=y_pred)
        loss = tf.reduce_mean(loss)
        print("batch %d: loss %f" % (batch_index, loss.numpy()))
    grads = tape.gradient(loss, model.dense1.variables)    # 單獨求第一層參
數的梯度
    # 單獨對第一層參數更新，學習率 0.001
    optimizer_1.apply_gradients(grads_and_vars=zip(grads, model.dense1.
variables))
    grads = tape.gradient(loss, model.dense2.variables)    # 單獨求第二層參數
的梯度
    # 單獨對第二層參數更新，學習率 0.01
    optimizer_1.apply_gradients(grads_and_vars=zip(grads, model.dense2.
variables))
```

17

TensorFlow 性能最佳化

本節主要介紹 TensorFlow 模型在開發和訓練中的一些原則和經驗,使得讀者能夠編寫出更加高效的 TensorFlow 程式。

▌ 17.1 關於計算性能的許多重要事實

在演算法課程中,我們往往使用時間複雜度(大寫字母 O)表示一個演算法的性能。這種表示方法對於演算法理論性能分析非常有效,但也可能所帶來一種誤解,即常數項的時間複雜度變化對實際的數值計算效率影響不大。事實上,在實際的數值計算中,有以下關於計算性能的重要事實。儘管它們帶來的都是常數級的時間複雜度變化,但對計算性能的影響卻相當顯著。

- 對不同的程式語言,由於設計機制、理念、編譯器和解譯器的實現方式不同,在數值計算效率上具有巨大的差別。舉例來說,Python 語言為了增強語言的動態性,而犧牲了大量計算效率;C 和 C++ 語言雖然複雜,但具有出色的計算效率。簡而言之,對程式設計師友善的語言往往對電腦不友善,反之亦然。不同程式語言帶來的性能差距可達

102 數量級以上。TensorFlow 等各種數值計算函數庫的底層就是使用 C++ 開發的。

■ 對於矩陣運算，由於有內建的平行加速和硬體最佳化過程，數值計算函數庫的內建方法（底層呼叫 BLAS）往往要遠快於直接使用 for 迴圈，大規模計算下的性能差距可達 102 數量級以上。

■ 對於矩陣和張量運算，GPU 的平行架構（大量小的計算單元平行運算）使其相較於 CPU 具有明顯優勢，具體視 CPU 和 GPU 的性能而定。在 CPU 和 GPU 等級相當時，大規模張量計算的性能差距一般可達 101 以上。

以下範例程式使用了 Python 的三重 for 迴圈、Cython 的三重 for 迴圈、NumPy 的 dot 函數和 TensorFlow 的 matmul 函數，分別計算了兩個 10000×10000 的隨機矩陣 A 和 B 的乘積。程式運行平台為一台具備 Intel i9-9900K 處理器、NVIDIA GeForce RTX 2060 SUPER 顯示卡與 64 GB 記憶體的個人電腦（後文亦同）。運行所需時間分別標注在了程式的註釋中：

```
import tensorflow as tf
import numpy as np
import time
import pyximport; pyximport.install()
import matrix_cython

A = np.random.uniform(size=(10000, 10000))
B = np.random.uniform(size=(10000, 10000))

start_time = time.time()
C = np.zeros(shape=(10000, 10000))
```

```
for i in range(10000):
    for j in range(10000):
        for k in range(10000):
            C[i, j] += A[i, k] * B[k, j]
print('time consumed by Python for loop:', time.time() - start_time) # 約700000s

start_time = time.time()
C = matrix_cython.matmul(A, B)    # Cython 程式為上述 Python 程式的 C 語言版
本，此處省略
print('time consumed by Cython for loop:', time.time() - start_time) # 約8400s

start_time = time.time()
C = np.dot(A, B)
print('time consumed by np.dot:', time.time() - start_time)    # 5.61s

A = tf.constant(A)
B = tf.constant(B)
start_time = time.time()
C = tf.matmul(A, B)
print('time consumed by tf.matmul:', time.time() - start_time)  # 0.77s
```

可見，同樣是 $O(n^3)$ 時間複雜度的矩陣乘法（具體而言，10^{12} 次浮點數乘法的計算量），使用 GPU 加速的 TensorFlow 竟然比直接使用原生 Python 迴圈快了近 100 萬倍！這種極大幅度的最佳化來自兩個方面：一是使用更為高效的底層計算操作，避免了原生 Python 語言解譯器的各種容錯檢查所帶來的性能損失（舉例來説，Python 中每從陣列中取一次數，都需要檢查一次是否索引越界）；二是利用了矩陣相乘運算具有的可平行性。在矩陣相乘 $A \times B$ 的計算中，矩陣 A 的每一行與矩陣 B 的每一列所進行的乘法操作都是可以同時進行的，而沒有任何的依賴關係。

▌17.2 模型開發：擁抱張量運算

在 TensorFlow 的模型開發中，應當儘量減少 for 迴圈的使用，多使用基於矩陣或張量的運算。這樣一方面可以利用電腦對矩陣運算的充分最佳化，另一方面可以減少計算圖中的操作個數，避免讓 TensorFlow 的計算圖變得臃腫。

舉一個例子，假設有 1000 個尺寸為 100×1000 的矩陣，組成一個形狀為 [1000, 100, 1000] 的三維張量 A，而現在希望將這個三維張量裡的每一個矩陣與一個尺寸為 1000×1000 的矩陣 B 相乘，再將得到的 1000 個矩陣在第 0 維堆疊起來，得到形狀為 [1000, 100, 1000] 的張量 C。為了實現以上內容，我們可以自然地寫出以下程式：

```
C = []
for i in range(1000):
    C.append(tf.matmul(A[i], B))
C = tf.stack(C, axis=0)
```

這段程式耗時約 0.40 秒，進行了 1000 次 tf.matmul 操作。然而，我們注意到，以上操作其實是一個批次操作。與機器學習中批次（batch）的概念類似，批次中的所有元素形狀相同，且都執行了相同的運算。那麼，是否有哪個操作能夠幫助我們一次性計算這 1000 個矩陣組成的張量 A 與矩陣 B 的乘積呢？答案是肯定的。TensorFlow 中的函數 tf.einsum 即可幫我們實現這一運算。考慮到矩陣乘法的計算過程是 $C_{ik} = \sum_j A_{ij} B_{jk}$，我們可以將這一計算過程的描述抽象為 ij,jk->ik。於是，對於這個三維張量乘以二維矩陣的「批次乘法」，其計算過程為 $C_{ijl} = \sum_k A_{ijk} B_{kl}$，我們可以將其抽象為 ijk,kl->ijl。於是，呼叫 tf.einsum，我們有以下寫法：

```
C = tf.einsum('ijk,kl->ijl', A, B)
```

這段程式與之前基於 for 迴圈的程式計算結果相同，耗時約 0.28 秒，且在計算圖中只需建立一個計算節點。

17.3 模型訓練：資料前置處理和預先載入

相對於模型的訓練而言，有時候資料的前置處理和載入反而是一件更為耗時的工作。為了最佳化模型的訓練流程，有必要對訓練的全流程做出時間上的評測（profiling），弄清每一步所耗費的時間，並發現性能上的瓶頸。這一步可以使用 TensorBoard 的評測工具（參考 4.2.2 節），也可以簡單地使用 Python 的 time 函數庫在終端輸出每一步所用時間。評測完成後，如果發現瓶頸在資料端（例如每一步訓練只花費 1 秒，而處理資料就花了 5 秒），我們就需要思考資料端的最佳化方式。一般而言，我們既可以透過事先前置處理好需要傳入模型訓練的資料來提高性能，也可以在模型訓練的時候平行進行資料的讀取和處理。可以參考 4.3.3 節以了解詳情。

17.4 模型類型與加速潛力的關係

模型本身的類型也會對模型加速的潛力有影響，一個不嚴謹的大致印象是：卷積神經網路（CNN）＞循環神經網路（RNN）＞強化學習（RL）。由於 CNN 每一層的卷積核心（神經元）都可以進行平行計算，所以它比較容易利用 GPU 的平行計算能力來加速，可以達到非常明顯的加速效果。RNN 因為存在時間依賴的序列結構，所以很多運算必須順序進行，因此 GPU 平行計算帶來的性能提升相對較少。RL 不僅存在時間依賴的序列結構，還要頻繁和環境互動（環境往往是基於 CPU 的模擬器），

GPU 帶來的提升就更為有限。由於 CPU 和 GPU 之間的切換本身需要耗費資源，所以有些時候使用 GPU 進行強化學習反而在性能上明顯不如 CPU，尤其是一些模型本身較小而互動又特別頻繁的場景（比如多智慧體強化學習）。

▍17.5 使用針對特定 CPU 指令集最佳化的 TensorFlow

現代 CPU 往往支援使用特定的擴充指令集（例如 SSE 和 AVX）來提升 CPU 性能。在預設情況下，TensorFlow 為了支援更多 CPU，在預設編譯時並未加入全部擴充指令集。這也是你經常在 TensorFlow 執行時期看到類似以下提示的原因：

```
I tensorflow/core/platform/cpu_feature_guard.cc:142] Your CPU supports
instructions that this TensorFlow binary was not compiled to use: AVX2
```

以上提示告訴你，你的 CPU 支援 AVX2 指令集，但當前安裝的 TensorFlow 版本並未針對這一指令集進行最佳化。

不過，如果你的機器學習任務恰好在 CPU 上訓練更加有效，或因為某些原因而必須在 CPU 上訓練，那麼你可以透過開啟這些擴充指令集來「榨乾」最後一點 TensorFlow 本體的性能提升空間。一般而言，開啟這些擴充指令集必須重新編譯 TensorFlow（這一過程漫長而痛苦，並不推薦一般人嘗試），不過好在有一些第三方編譯的，開啟了擴充指令集的 TensorFlow 版本。你可以根據自己 CPU 支援的擴充指令集，下載並安裝第三方提供的預先編譯的 .whl 檔案來使用開啟了擴充指令集的 TensorFlow。此處性能的提升也視應用而定，我使用支援 AVX2 指令集的 AMD Ryzen 5 3500U 處理器，使用 4.5 節中的 MNIST 分類任務進行測試。針對 AVX2 最佳化後的 TensorFlow 速度可以提升約 5%~10%。

17.6 性能最佳化策略

從以上介紹可以看出，模型運行效率低，不一定是由於硬體性能不夠好。在購買高性能硬體的時候，有必要思考一下現有硬體的性能是否已經透過最佳化而獲得了充分應用。如果不能確定，可以先租借一台高性能硬體（如雲端服務）並在上面運行模型，觀察性能提升的程度。租借的成本遠低於升級或購買新硬體，對於個人開發者而言對比值更高。

同時，性能最佳化也存在一個「度」的問題。一方面，我們有必要在機器學習模型開發的初期就考慮良好的設計和架構，使得模型在高可重複使用性的基礎上達到較優的運行性能。另一方面，機器學習的程式本身往往已經相當複雜，如果我們在本已十分複雜的程式上又加入大量的最佳化邏輯，有可能會造成程式可讀性上的災難。我的建議是，正如軟體工程中的名言 "premature optimization is the root of all evil"（過早的最佳化是萬惡之源），不要過早地加入一些性能收益不大、而且還會嚴重犧牲程式可讀性的性能最佳化。一些更細緻的性能最佳化工作可以等到模型開發完畢並確認可靠性後再進行。

Android 端側 Arbitrary Style Transfer 模型部署

Google 在 Artistic Style Transfer with TensorFlow Lite 中列出了基於 Python 環境的模型部署方案。接下來我們將直接重複使用該模型，嘗試在 Android 裝置中部署 Arbitrary Style Transfer 模型，本章可瞭解為第 7 章的進階版。

Arbitrary Style Transfer 模型可以根據風格圖片將任意圖片轉化為相似風格的新圖片，它包含 style predict 和 style transform 兩個模型，它們的輸入和輸出如下。

- style predict 模型
  - 輸入：風格圖片。
  - 輸出：bottleneck。

- style transform 模型
  - 輸入：待轉換風格的圖片、bottleneck。
  - 輸出：轉換後的圖片。

在整個端側部署過程中，主要涉及的工作如下。

(1) TensorFlow Lite Android Support Library 的使用
在第 7 章中我們可以看到，模型的輸入處理過程是比較麻煩的，需要考慮原始圖片大小、模型對圖型的大小限制、模型對輸入資料的格式限制以及資料的轉換等。我們需要先透過 visual.py 來查看模型的輸入和輸出，然後手動將輸入和輸出轉為符合模型需要的 ByteBuffer 或陣列，偵錯起來很艱難。TensorFlow Lite Android Support Library 是 Google 新開發的函數庫，當前還處於實驗階段，可以幫助開發者簡化對 TFLite 模型輸入和輸出的處理。

(2) TensorFlow Lite 的 GPU 和 NNAPI Delegate 的使用
為了充分利用了裝置上除 CPU 之外的其他運算資源，代理（Delegate）主要在運算元等級將部分計算轉到 GPU、NPU 等裝置上，這樣可以加快模型的運行速度。

▌18.1 Arbitrary Style Transfer 模型解析

下面對 style predict 模型和 style transform 模型的屬性進行分析。

18.1.1 輸入輸出

在第 7 章我們介紹了模型視覺化工具 visual.py 的使用方法，透過 visual.py 獲得的 style predict 模型和 style transform 模型的輸入、輸出如表 18-1 所示。

表 18-1　style predict 模型和 style transform 模型的輸入、輸出

模　　型	輸　　入	輸　　出
style predict	172 style_image FLOAT32 [1, 256, 256, 3]	173 mobilenet_conv/Conv/BiasAdd FLOAT32 [1, 1, 1, 100]
style transform	0 content_image FLOAT32 [1, 384, 384, 3] 1 mobilenet_conv/Conv/BiasAdd FLOAT32 [1, 1, 1, 100]	168 transformer/expand/conv3/conv/Sigmoid FLOAT32 []

下面解釋一下表 18-1。

- style predict 模型
  - 輸入：172 號 tensor，名稱為 style_iamge、大小為 1 × 256 × 256 × 3 的 RGB 圖型 FLOAT32 陣列（元素設定值範圍為 0~1.0）。
  - 輸出：173 號 tensor，名稱為 mobilenet_conv/Conv/BiasAdd、大小為 100 的 FLOAT32 陣列（元素設定值範圍為 0~1.0），即 bottleneck 陣列。

- style transform 模型
  - 輸入（2 個）
    - 0 號 tensor，名稱為 content_image、大小為 1 × 384 × 384 × 3 的 RGB 圖型 FLOAT32 陣列（元素設定值範圍為 0~1.0）。
    - 1 號 tensor，名稱為 mobilenet_conv/Conv/BiasAdd，大小為 1 × 1 × 1 × 100 的 FLOAT32 陣列（元素設定值範圍 0~1.0）。
  - 輸出：168 號 tensor，名稱為 transformer/expand/conv3/conv/Sigmoid、大小任意的 FLOAT32 陣列，即輸出可以隨意指定大小的圖型。

18.1.2 bottleneck 陣列

bottleneck 是一個大小為 100 的 float 陣列，是 style predict 模型的輸出和 style transform 模型的輸入。我並沒有研讀相關的論文，從名稱的角度我們猜測，基於 style predict 模型和風格圖片生成的 bottleneck 陣列可以在 style transform 模型中作用於被處理圖片，「過濾」被處理圖片的畫素，最終生成與風格圖片相似風格的圖片。

18.2 Arbitrary Style Transfer 模型部署

根據上節介紹的模型屬性和特點，我們嘗試對兩個模型分別進行普通部署和代理部署，並對運行結果和性能進行簡單展示。

18.2.1 gradle 設定

相對第 7 章，我們在 build.gralde 中新增了 TensorFlow Lite GPU 和 TensorFlow Lite Android Support Library 兩個設定：

```
implementation 'org.tensorflow:tensorflow-lite-gpu:2.0.0'
implementation 'org.tensorflow:tensorflow-lite-support:0.0.0-nightly'
```

18.2.2 style predict 模型部署

下面對 style predict 模型進行部署，style predict 模型的輸出將作為 transform 模型的輸入。

1. 預備工作

下載 style predict 模型和 style transform 模型，把它們放到 assets 目錄中，並在 app/build.gradle 設定 tflite 尾碼檔案不壓縮，程式如下：

```
aaptOptions {
    noCompress "tflite"
}
```

2. 普通部署

透過 FileChannel 載入 assets 中的模型，與前面章節沒有太多的不同，程式如下：

```
private MappedByteBuffer loadModelFile(Activity activity,
                                       String modePath) throws IOException {
    AssetFileDescriptor fileDescriptor = activity.getAssets().openFd(modePath);
    FileInputStream inputStream = new FileInputStream(fileDescriptor.
getFileDescriptor());
    FileChannel fileChannel = inputStream.getChannel();
    long startOffset = fileDescriptor.getStartOffset();
```

```
    long declaredLength = fileDescriptor.getDeclaredLength();
    return fileChannel.map(FileChannel.MapMode.READ_ONLY, startOffset,
declaredLength);
}
```

Interpreter.Options 可以更靈活地設定 Interpreter 初始化所需的參數，程式如下：

```
private final static String PREDICT_MODEL = "style_predict.tflite";
Interpreter.Options predictOptions = new Interpreter.Options();
Interpreter predictInterpreter = new Interpreter(
            loadModelFile(MainActivity.this, PREDICT_MODEL), predictOptions);
```

3. 代理部署

TensorFlow Lite 提供了兩種代理方式，分別是 GpuDelegate 和 NnApiDelegate，首先我們需要引入它們：

```
import org.tensorflow.lite.gpu.GpuDelegate;
import org.tensorflow.lite.nnapi.NnApiDelegate;
```

然後分別實例化 GpuDelegate 和 NnApiDelegate，透過 addDelegate() 把 GpuDelegate 和 NnApiDelegate 的實例增加到 Interpreter.Options 的實例中，最後把 Interpreter.Options 的實例增加到 Interpreter 的實例中，程式如下：

```
Interpreter.Options predictOptions = new Interpreter.Options();
switch (mDelegateMode) {
    case USING_CPU:
        break;
    case USING_GPU:
        predictOptions.addDelegate(new GpuDelegate());
        break;
```

```
    case USING_NNAPI:
        predictOptions.addDelegate(new NnApiDelegate());
        break;
}
Interpreter predictInterpreter = new Interpreter(
            loadModelFile(MainActivity.this, PREDICT_MODEL), predictOptions);
```

我們使用的 RadioGroup 包含 3 個 RadioButton，分別是 CPU、GPU 和 NNAPI，它們用於控制是否使用代理和使用哪種代理，如圖 18-1 所示。

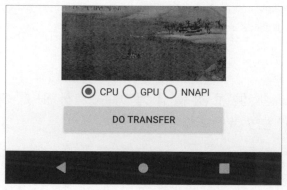

圖 18-1　三種模型運行方式

4. 輸入處理

本章開頭我們有提到 TensorFlow Lite Android Support Library，現在就用它來處理 style predict 模型的輸入。

在第 7 章，我們是手動把圖片轉化為 ByteBuffer 的，因為 Interpreter.run() 函數的輸入是 ByteBuffer（也可以是 float 陣列，但是運行性能會有損失），主要依賴的是以下函數：

```
public void addImgValue(ByteBuffer imgData, int val) {
    imgData.putFloat(((val & 0xFF) - getImageMean()) / getImageSTD());
}
```

其中，getImageMean() 和 getImageSTD() 分別是 0.0f 和 255.0f，目的是把 RGB 圖型中的畫素值歸一化為 0~1.0 的 float 類型，再放到 ByteBuffer 中。

如果使用 TensorFlow Lite Android Support Library，就不依賴上面的函數了，使用起來會非常方便，不需要手動處理圖片資料的轉換，程式如下：

```
private TensorImage getInputTensorImage(Interpreter tflite, Bitmap inputBitmap) {
    DataType imageDataType = tflite.getInputTensor(/* imageTensorIndex */0).
dataType();
    TensorImage inputTensorImage = new TensorImage(imageDataType);
    inputTensorImage.load(inputBitmap);

    ImageProcessor imageProcessor =
            new ImageProcessor.Builder()
                .add(new NormalizeOp(IMAGE_MEAN, IMAGE_STD))
                .build();

    return imageProcessor.process(inputTensorImage);
}
```

現在對上面的函數進行一個說明。

- 透過 Interpreter 的實例 tflite 獲取輸入 Tensor 的 DataType，包含兩種類型，FLOAT32 或 UINT8，這裡返回的應該是 FLOAT32。
- 根據返回的 DataType 創建 TensorImage 的實例 inputTensorImage，並載入輸入圖型 inputBitmap。
- 創建 ImageProcessor 並設定 NormalizeOp 的參數為 IMAGE_MEAN（為 0.0f）和 IMAGE_STD（即 255.0f），獲得實例 imageProcessor。
- 使用實例 imageProcessor 處理 inputTensorImage，並將新獲得的 TensorImage 實例返回。

5. 輸出處理

在第 7 章，我們直接使用了 float 陣列作為輸出，因為輸出比較簡單。

現在輸出的 bottleneck 陣列要比 MNIST 模型的輸出複雜很多，直接使用 ByteBuffer 作為輸出可提高運算性能，這裡我們使用 TensorFlow Lite Android Support Library 提供的 TensorBuffer，相關程式如下：

```
Tensor outputTensor = tflite.getOutputTensor(/* outputTensorIndex */ 0);
TensorBuffer outputTensorBuffer
        = TensorBuffer.createFixedSize(outputTensor.shape(), outputTensor.
dataType());
```

在上面的程式中，先透過 Interpreter 的實例 tflite 獲取輸出 Tensor 的實例 outputTensor，然後使用 outputTensor 的 shape() 方法和 dataType() 方法創建對應的 TensorBuffer 實例 outputTensorBuffer。

6. 運行

將上面的輸入和輸出放到函數 Interpreter.run() 中，就可以運行 style predict 模型了，對應程式如下：

```
tflite.run(inputTensorImage.getBuffer(), outputTensorBuffer.getBuffer());
```

其中，outputTensorBuffer.getBuffer() 就是我們獲取的 bottleneck 對應的 ByteBuffer 實例，可以透過 ByteBuffer 的 getFloatArray() 函數獲取 bottleneck 的具體值，它是一個大小為 100 的 float 陣列。由於我們還需要把 bottleneck 的 ByteBuffer 實例傳遞給 style transform 模型，所以此處不再進行轉換，有興趣的讀者可以自己嘗試。

18.2.3 transform 模型部署

下面對 transform 模型進行部署，以 style predict 模型的輸出作為 style transform 模型的輸入，運行後輸出的結果就是轉換後圖型的相關數值。

1. 普通部署

普通部署的程式與 style predict 模型部署的程式類似，具體如下：

```
private final static String TRANSFORM_MODE = "style_transform.tflite";


Interpreter.Options transformOptions = new Interpreter.Options();
transformInterpreter = new Interpreter(
        loadModelFile(MainActivity.this, TRANSFORM_MODE), transformOptions);
```

2. 代理部署

如果我們嘗試對 style transform 模型使用代理，會有以下顯示出錯：

```
FATAL EXCEPTION: main
Process: com.dpthinker.astyletransfer, PID: 3753
java.lang.IllegalArgumentException: Internal error: Failed to apply
delegate: Attempting to use a delegate that only supports static-sized
tensors with a graph that has dynamic-sized tensors.
    at org.tensorflow.lite.NativeInterpreterWrapper.applyDelegate(Native Method)
    at org.tensorflow.lite.NativeInterpreterWrapper.init
(NativeInterpreterWrapper.java:85)
    ...
    at com.dpthinker.astyletransfer.MainActivity$4.onClick(MainActivity.java:168)
    ...
    at com.android.internal.os.RuntimeInit$MethodAndArgsCaller.run
(RuntimeInit.java:492)
    at com.android.internal.os.ZygoteInit.main(ZygoteInit.java:930)
```

這是因為代理只支援固定輸入輸出的模型，style transform 模型的輸出是可以隨意指定的，所以不能對其啟用代理。

3. 輸入處理

與 style predict 模型不同的是，style transform 模型的輸出有兩個，當我們使用 Interpreter 的另一個運行函數 runForMultipleInputsOutputs() 時，輸入參數也會有對應的變化：

```
TensorImage inputTensorImage = getInputTensorImage(tflite, contentImage);

Object[] inputs = new Object[2];
inputs[0] = inputTensorImage.getBuffer();
inputs[1] = bottleneck;
```

對上面的程式的解釋如下。

- 獲取待處理圖片 contentImage，獲得 inputTensorImage。
- 創建 Object 陣列 inputs，大小為 2，其中元素 0 為 inputTensorImage. getBuffer()，即 contentImage 對應的 ByteBuffer 實例；元素 1 為 bottleneck，即 style predict 模型的輸出 ByteBuffer 實例。inputs 為 runForMultipleInputsOutputs() 的輸入。

4. 輸出處理

style transform 模型的輸入是固定大小的，但是輸出沒有指定大小，所以可以隨意設定。為了簡便，我們設定其大小與輸入的待處理圖片一樣，即 384 × 384，程式如下：

```
private final static int CONTENT_IMG_SIZE = 384;
private final static int DIM_BATCH_SIZE = 1;
private final static int DIM_PIXEL_SIZE = 3;
```

```
int[] outputShape =
        new int[] {DIM_BATCH_SIZE, CONTENT_IMG_SIZE, CONTENT_IMG_SIZE,
DIM_PIXEL_SIZE};
DataType outputDataType = tflite.getOutputTensor(/* outputTensorIndex */
0).dataType();
TensorBuffer outputTensorBuffer =
        TensorBuffer.createFixedSize(outputShape, outputDataType);
Map<Integer, Object> outputs = new HashMap<>();
outputs.put(0, outputTensorBuffer.getBuffer());
```

在上面的程式中，首先根據輸入圖片大小和輸出的 DataType 創建 Tensor
Buffer 實例 outputTensorBuffer，然後新建一個 Map 實例 outputs，將
outputTensorBuffer 傳入 outputs，outputs 即 runForMultipleInputsOutputs()
的輸出。

5. 運行

將上面的輸入和輸出放到函數 Interpreter.runForMultipleInputsOutputs()
中，就可以運行 style transform 模型了：

```
tflite.runForMultipleInputsOutputs(inputs, outputs);
```

運行後，獲取 outputs 中對應的 TensorBuffer 實例，其中就包含了轉換風
格後的圖片資訊。

6. 獲得圖型

TensorFlow Lite Android Support Library 目前還處於實驗階段，暫時沒有
將 float 類型的 ByteBuffer 轉為 Bitmap 的能力，所以最後一步從陣列轉到
圖型就需要手動處理畫素了，程式如下：

```
float[] output = outputTensorBuffer.getFloatArray();

Bitmap result = Bitmap.createBitmap(
        CONTENT_IMG_SIZE, CONTENT_IMG_SIZE, Bitmap.Config.ARGB_8888);
int[] pixels = new int[CONTENT_IMG_SIZE * CONTENT_IMG_SIZE];
int a = 0xFF << 24;
for (int i = 0, j = 0; j < output.length; i++) {
    int r = (int)(output[j++] * 255.0f);
    int g = (int)(output[j++] * 255.0f);
    int b = (int)(output[j++] * 255.0f);
    pixels[i] = (a | (r << 16) | (g << 8) | b);
}
result.setPixels(pixels, 0, CONTENT_IMG_SIZE, 0, 0, CONTENT_IMG_SIZE,
CONTENT_IMG_SIZE);
```

對上面的程式說明如下。

- 在獲得的 TensorBuffer 實例 outputTensorBuffer 中獲取 float 陣列 outputs。
- 創建大小為 384×384 的空白圖型 result。
- 按照 RGB 的次序，將 outputs 中的每個元素放大至 255 倍，並轉化為 int 類型，同時逐位元偏移組合成畫素點 pixels 的元素。
- 將 pixels 設定到 result 中。

最終，獲得處理後的 Bitmap 實例 result。

18.2.4 效果

我們依然使用第 11 章中的兩張圖片進行測試，如圖 18-2 所示。

圖 18-2　輸入待轉化圖片與風格圖片

轉化後的效果如圖 18-3 ～ 圖 18-5 所示。

圖 18-3 轉化效果圖 1　　圖 18-4 轉化效果圖 2　　圖 18-5 轉化效果圖 3

以上 3 個圖依次是 CPU 沒有使用代理、使用 GPU 代理和使用 NNAPI 代理 3 種場景。與 GPU 代理相關的 CPU 要最佳化 1 毫秒左右，因為進行圖片和模型匯入對應用的記憶體影響很大，所以測試結果是浮動變化的。一般情況下，手機廠商會對 NNAPI 代理進行轉換，讀者可以在自己的手機上試一下。

18.3 小結

本章我們簡單介紹了如何在 Android 應用上進行 Arbitrary Style Transfer 模型部署，主要包含了以下內容。

- TensorFlow Lite Android Support Library 函數庫對輸入資料、輸出資料的處理方法。
- 單輸入輸出和多輸入輸出模型的部署方法。
- 代理的使用方法和效果。

經過本章的學習，讀者應該可以掌握 TensorFlow Lite 模型部署的主要方法。由於 TensorFlow Lite 本身還在不斷演進，所以還需要關注它的發展變化。不過從整體來看，TensorFlow Lite 的使用越來越簡單，功能越來越強大。

Appendix

A

強化學習簡介

在本章，我們將對 3.5 節中涉及的強化學習演算法進行入門介紹。我們熟知的有監督學習是在帶標籤的已知訓練資料上進行學習，得到一個從資料特徵到標籤的映射（預測模型），進而預測新的資料實例所具有的標籤。而強化學習中則出現了兩個新的概念，「智慧體」和「環境」。在強化學習中，智慧體透過與環境的互動來學習策略，從而最大化自己在環境中所獲得的獎勵。舉例來說，在下棋的過程中，你（智慧體）可以透過與棋盤及對手（環境）進行互動來學習下棋的策略，從而最大化自己在下棋過程中獲得的獎勵（贏棋的次數）。

如果說有監督學習關注的是「預測」，是與統計理論連結密切的學習類型的話，那麼強化學習關注的就是「決策」，與電腦演算法（尤其是動態規劃和搜索）具有較強的連結。我認為強化學習的原理相較於有監督學習而言具有更高的入門門檻，尤其是給習慣於確定性演算法的程式設計師突然呈現一堆抽象概念的數值疊代關係，他們在大多數時候只能是囫圇吞棗。於是我希望透過一些較為具體的算例，以盡可能樸素的表達，為具有一定演算法基礎的讀者說明強化學習的基本思想。

A.1 從動態規劃說起

如果你曾經參加過 NOIP 或 ACM 之類的演算法競賽，或為網際網路公司的機考做過準備（如 LeetCode），想必對動態規劃（dynamic programming，DP）不會太陌生。動態規劃的基本思想是將待求解的問題分解成許多個結構相同的子問題，並保存已解決的子問題的答案，在需要的時候直接利用[1]。使用動態規劃求解的問題需要滿足以下兩個性質。

最佳子結構：一個最佳策略的子策略也是最佳的。

- 無後效性：過去的步驟只能透過當前的狀態影響未來的發展，當前狀態是歷史的複習。
- 下面我們回顧一下動態規劃的經典入門題目「數字三角形」。

📂 數字三角形問題

指定一個形如圖 A-1 的 $N+1$ 層數字三角形，三角形的每個座標下的數字為 $r(i, j)$。智慧體在三角形的頂端，每次可以選擇向下（↓）或向右（↘）到達三角形的下一層。請輸出一個動作序列，使得智慧體經過的路徑上的數字之和最大。

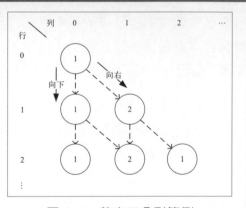

圖 A-1　數字三角形範例

---

1 所以有時動態規劃又稱為「記憶化搜索」，或說記憶化搜索是動態規劃的一種具體實現形式。

此範例中最佳動作序列為「向右 – 向下」，最佳路徑為 "(0,0)-(1,1)-(2,1)"，最大數字和為 $r(0,0)+r(1,1)+r(2,1)=5$。

我們先不考慮如何尋找最佳動作序列的問題，假設已知智慧體在座標 (i, j) 處會選擇的動作為 $\pi(i, j)$（例如 $\pi(0, 0)$ = 代表智慧體在 $(0, 0)$ 處會選擇向右的動作），我們單純計算智慧體經過路徑的數字之和。從下而上地考慮問題，設 $f(i, j)$ 為智慧體在座標 (i, j) 處的「現在及未來將獲得的數字之和」，則可以遞推出以下等式：

$$f(i,j) = \begin{cases} f(i+1, j) + r(i, j), & \pi(i, j) = \downarrow \\ f(i+1, j+1) + r(i, j), & \pi(i, j) = \searrow \end{cases} \qquad \text{(A-1)}$$

上式的另一個相等寫法如下：

$$f(i,j) = [p_1 f(i+1, j) + p_2 f(i+1, j+1)] + r(i, j) \qquad \text{(A-2)}$$

其中 $(p_1, p_2) = \begin{cases} (1, 0), \pi(i, j) = \downarrow \\ (0, 1), \pi(i, j) = \searrow \end{cases}$。

有了上面的鋪陳之後，我們要解決的問題就變成了：透過調整智慧體在座標 (i, j) 處選擇的動作 $\pi(i, j)$ 的組合，使得 $f(0, 0)$ 的值最大。為了解決這個問題，最粗暴的方法是遍歷所有 $\pi(i, j)$ 的組合，例如在圖 A-1 中，我們需要決策 $\pi(0, 0)$、$\pi(1, 0)$、$\pi(1, 1)$ 的值，一共有 $2^3 = 8$ 種組合，我們只需要將 8 種組合一個一個代入並計算 $f(0, 0)$，輸出最大值及其對應的組合即可。

顯然這樣做效率太低了。於是我們考慮直接計算式 A-2 關於所有動作 π 組合的最大值 $\max_\pi f(i, j)$。在式 A-2 中，$r(i, j)$ 與任何動作 π 都無關，所以我們只需考慮運算式的 $p_1 f(i+1, j) + p_2 f(i+1, j+1)$ 最大值。於是，我們分別計算 $\pi(i, j) = \downarrow$ 和 $\pi(i, j) = \searrow$ 時該運算式關於任何動作 π 的最大值，並取兩個最大值中的較大者即可，過程如下所示：

$$\max_{\pi} f(i,j) = \max_{\pi} [p_1 f(i+1,j) + p_2 f(i+1,j+1)] + r(i,j)$$

$$= \max \{ \underbrace{\max_{\pi} [1 f(i+1,j) + 0 f(i+1,j+1)]}_{\pi(i,j)=\downarrow}, \underbrace{\max_{\pi} [0 f(i+1,j) + 1 f(i+1,j+1)]}_{\pi(i,j)=\searrow} \} + r(i,j)$$

$$= \max [\underbrace{\max_{\pi} f(i+1,j)}_{\pi(i,j)=\downarrow}, \underbrace{\max_{\pi} f(i+1,j+1)}_{\pi(i,j)=\searrow}] + r(i,j)$$

令 $g(i,j)=\max_{\pi} f(i,j)$，上式寫入為 $g(i,j) = \max[g(i+1,j) + g(i+1,j+1)] + r(i,j)$，這就是動態規劃中常見的「狀態轉移方程式」。透過狀態轉移方程式和邊界值 $g(N,j) = r(N,j)$，$j = 0, \cdots, N$，我們可以自下而上高效率地疊代計算出 $g(0,0) = \max_{\pi} f(0,0)$。

如圖 A-2 所示，透過對 $g(i,j)$ 的值進行三輪疊代來計算 $g(0,0)$。在每一輪疊代中，對於座標 (i,j)，分別取當 $\pi(i,j)\downarrow$ = 和 $\pi(i,j) = \searrow$ 時的「未來將獲得的數字之和的最大值」（即 $g(i+1,j)$ 和 $g(i+1,j+1)$），取兩者中的較大者，並加上當前座標的數字 $r(i,j)$。

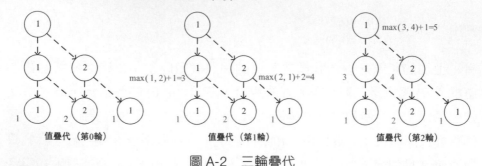

圖 A-2　三輪疊代

▌A.2　加入隨機性和機率的動態規劃

在實際生活中，我們做出的決策往往並非完全確定地指向某個結果，而是可能受到環境因素的影響。例如選擇磨練棋藝固然能讓一個人贏棋的機率變高，但也並非指向百戰百勝。正所謂「既要靠個人的奮鬥，也要考慮到歷史的行程」。對應我們在 A.1 節中討論的數字三角形問題，我們考慮以下變式。

📂 **數字三角形問題（變式 1）**

智慧體初始在三角形的頂端，每次可以選擇向下（↓）或向右（↘）的動作。不過環境會對處於任意座標 (i, j) 的智慧體的動作產生「干擾」，導致以下的結果。

- 如果選擇向下（↓），則該智慧體最終到達正下方座標 $(i+1, j)$ 的機率為 $\frac{3}{4}$，到達右下方座標 $(i+1, j+1)$ 的機率為 $\frac{1}{4}$。

- 如果選擇向右（↘），則該智慧體最終到達正下方座標 $(i+1, j)$ 的機率為 $\frac{1}{4}$，到達右下方座標 $(i+1, j+1)$ 的機率為 $\frac{3}{4}$。

請列出智慧體在每個座標處應該選擇的動作 $\pi(i, j)$，使得智慧體經過的路徑上的數字之和的期望（expectation）[2] 最大。

此時，如果你想直接寫出問題的狀態轉移方程式，恐怕就不那麼容易了。（動作選擇和轉移結果不是一一對應的！）但如果類比式 A-2 描述問題的框架，我們會發現問題容易了一些。在這個問題中，我們沿用符號 $f(i, j)$ 來表示智慧體在座標 (i, j) 處的「現在及未來將獲得的數字之和的期望」，則有「當前 (i, j) 座標的期望 ＝『選擇動作 $\pi(i, j)$ 後可獲得的數字之和』的期望 ＋ 當前座標的數字」，如：

$$f(i, j) = [p_1 f(i+1, j) + p_2 f(i+1, j+1)] + r(i, j) \tag{A-3}$$

2　期望是試驗中每次可能結果的機率乘以其結果的總和，反映了隨機變數平均設定值的大小。舉例來說，你在一次投資中有 $\frac{1}{4}$ 的機率賺 100 元，有 $\frac{3}{4}$ 的機率賺 200 元，則你本次投資賺取金額的期望為 $\frac{1}{4} \times 100 + \frac{3}{4} \times 200 = 175$ 元。也就是說，如果你重複這項投資多次，那麼所獲收益的平均值趨近於 175 元。

其中

$$(p_1, p_2) = \begin{cases} \left(\dfrac{3}{4}, \dfrac{1}{4}\right), \pi(i,j) = \downarrow \\[2ex] \left(\dfrac{1}{4}, \dfrac{3}{4}\right), \pi(i,j) = \searrow \end{cases}$$

類比 A.1 節的推導過程，令 $g(i,j) = \max_\pi f(i,j)$，我們可以得到：

$$g(i,j) = \max[\underbrace{\frac{3}{4}g(i+1,j) + \frac{1}{4}g(i+1,j+1)}_{\pi(i,j)=\downarrow}, \underbrace{\frac{1}{4}g(i+1,j) + \frac{3}{4}g(i+1,j+1)}_{\pi(i,j)=\searrow}] + r(i,j) \qquad \text{(A-4)}$$

然後我們即可使用這一遞推式由下到上計算 $g(i,j)$。

如圖 A-3 所示，透過對 $g(i,j)$ 的值進行三輪疊代計算 $g(0,0)$。在每一輪疊代中，對於座標 (i,j)，分別計算當 $\pi(i,j) = \downarrow$ 和 $\pi(i,j) = \searrow$ 時的「未來將獲得的數字之和的期望的最大值」（即 $\frac{3}{4}g(i+1,j) + \frac{1}{4}g(i+1,j+1)$ 和 $\frac{1}{4}g(i+1,j) + \frac{3}{4}g(i+1,j+1)$），取兩者中的較大者，並加上當前座標的數字 $r(i,j)$。

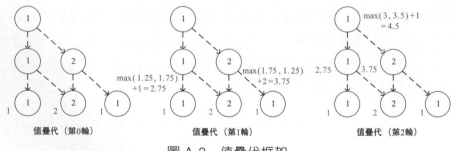

圖 A-3　值疊代框架

我們也可以從智慧體在座標 (i,j) 處所做的動作 $\pi(i,j)$ 出發來觀察式 A-4。在每一輪疊代中，先分別計算兩種動作帶來的未來收益期望（策略評估），然後取收益較大的動作作為 $\pi(i,j)$ 的設定值（策略改進），最後根據動作更新 $g(i,j)$。

如圖 A-4 所示，透過對 $\pi(i,j)$ 的值進行疊代來計算 $g(0,0)$。在每一輪疊代中，對於座標 (i,j)，分別計算當 $\pi(i,j) = \downarrow$ 和 $\pi(i,j) = \searrow$ 時的「未來將獲得的數字之和的期望」（策略評估），取較大者對應的動作作為 $\pi(i,j)$ 的設定值（策略改進）。然後根據本輪疊代確定的 $\pi(i,j)$ 的值更新 $g(i,j)$。

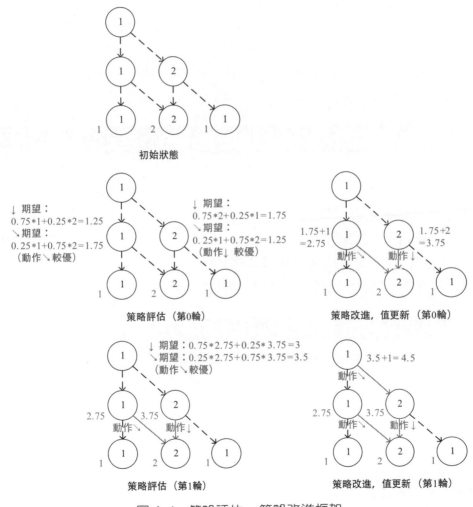

圖 A-4　策略評估 – 策略改進框架

我們可以將演算法流程概括如下。

- 初始化環境。
- 從第 $N-1$ 層到第 0 層，對數字三角形的第 i 層依次進行以下操作。
  - 策略評估：計算第 i 層中每個座標 (i, j) 選擇 $\pi(i, j) = \downarrow$ 和 $\pi(i, j) = \searrow$ 的未來期望 q_1 和 q_2。
  - 策略改進：對第 i 層中的每個座標 (i, j)，取未來期望較大的動作作為 $\pi(i, j)$ 的設定值。
  - 值更新：根據本輪疊代確定的 $\pi(i, j)$ 的值更新 $g(i, j) = \max(q_1, q_2) + r(i, j)$。

▌ A.3 環境資訊無法直接獲得的情況

讓我們更現實一點：在很多現實情況中，我們甚至連環境影響所涉及的具體機率都不知道，只能透過在環境中不斷試驗去探索複習。舉例來說，當學習了一種新的圍棋定式後，我們無法直接獲得勝率提升的機率，只有與對手使用新定式實戰多碟才能知道這個定式是好是壞。對應於數字三角形問題，我們再考慮以下變式。

📂 **數字三角形問題（變式 2）**

智慧體初始在三角形的頂端，每次可以選擇向下（↓）或向右（↘）的動作。環境會對處於任意座標 (i, j) 的智慧體的動作產生「干擾」，而且這個干擾的具體機率（即 A.2 節中的 p_1 和 p_2）未知。不過，允許在數字三角形的環境中進行多次試驗。當智慧體在座標 (i, j) 時，可以向數字三角形環境發送動作指令↓或↘，數字三角形環境將返回智慧體最終所在的座標（正下方 $(i+1, j)$ 或右下方 $(i+1, j+1)$）。請設計試驗方案和流程，確定智慧體在每個座標處應該選擇的動作 $\pi(i, j)$，使得智慧體經過的路徑上的數字之和的期望最大。

我們可以透過大量試驗來估計動作為↓或↘的機率 p_1 和 p_2，不過這在很多現實問題中是困難的。事實上，我們有另一套方法，使得我們不必顯性估計環境中的機率參數，也能得到最佳的動作策略。

回到 A.2 節的「策略評估 – 策略改進」框架，我們現在遇到的最大困難是無法在「策略評估」中透過前一階段的 $g(i+1,j)$、$g(i+1,j+1)$ 和機率參數 p_1、p_2 直接計算出每個動作的未來期望 $p_1 g(i+1,j) + p_2 g(i+1,j+1)$（因為機率參數未知）。不過，期望的妙處在於：就算無法直接計算期望[3]，我們也可以透過大量試驗估計出期望。如果我們用 $q(i,j,a)$ 表示智慧體在座標 (i,j) 選擇動作 a 時的未來期望，那麼我們可以觀察智慧體在 (i,j) 處選擇動作 a 後的 K 次試驗結果，取這 K 次結果的平均值作為估計值。舉例來說，當智慧體在座標 $(0,1)$ 並選擇動作↓時，我們進行 20 次試驗，發現 15 次的結果為 1，5 次的結果為 2，我們可以估計 $q(0,1,\downarrow) \approx \frac{15}{20} \times 1 + \frac{5}{20} \times 2 = 1.25$。

於是，我們只需將 A.2 節「策略評估」中的未來期望計算，更換為使用試驗估計 $a = \downarrow$ 和 $a = \searrow$ 時的未來期望 $q(i,j,a)$，即可在環境機率參數未知的情況下進行「策略評估」步驟。值得一提的是，由於我們不需要顯性計算期望 $p_1 g(i+1,j) + p_2 g(i+1,j+1)$，所以我們也無須關心 $g(i,j)$ 的值，A.2 節中值更新的步驟也隨之省略（事實上，這裡 $q(i,j,a)$ 已經取代了 A.2 節 $g(i,j)$ 的地位）。

還有一點值得注意，由於試驗是一個從上而下的步驟，需要演算法為整個路徑提供動作，那麼那些尚未確定動作的座標應該如何是好呢？我們

3　在 A.2 節中，$q(i,j,a) = \begin{cases} \frac{3}{4} f(i+1,j) + \frac{1}{4} f(i+1,j+1), a = \downarrow \\ \frac{1}{4} f(i+1,j) + \frac{3}{4} f(i+1,j+1), a = \searrow \end{cases}$。

可以對這些座標使用「隨機動作」，即 50% 的機率選擇 ↓，50% 的機率選擇 ↘，以在試驗過程中對兩種動作進行充分「探索」，如圖 A-5 所示。

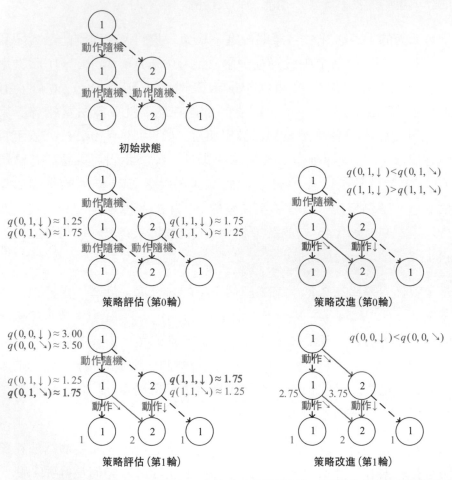

圖 A-5　將 A.2 節「策略評估」中的未來期望計算，更換為使用試驗估計 $a = ↓$ 和 $a = ↘$ 時的未來期望 $q(i, j, a)$

我們可以將演算法流程概括如下。

- 初始化 q 值。
- 從第 $N-1$ 層到第 0 層,對數字三角形的第 i 層依次進行以下操作。
  - 策略評估:試驗估計第 i 層中每個座標 (i, j) 選擇 a = ↓ 和 a = ↘ 的未來期望 $q(i, j, ↓)$ 和 $q(i, j, ↘)$。
  - 策略改進:對於第 i 層中的每個座標 (i, j),取未來期望較大的動作作為 $\pi(i, j)$ 的設定值。

▌ A.4 從直接演算法到疊代演算法

到目前為止,我們都非常嚴格地遵循了動態規劃中「劃分階段」的思想,即按照問題的時間特徵將問題分成許多階段並依次求解。對應到數字三角形問題中,就是從下到上逐層計算和更新未來期望(或 q 值),在每一輪疊代中更新本層的未來期望(或 q 值)。我們很確定,經過 N 次策略評估和策略改進,演算法將停止,可以獲得精確的最大數字和最佳動作。我們將這種演算法稱為「直接演算法」,這也是各種演算法競賽中常見的演算法類型。

不過在實際場景中,演算法的計算時間往往是有限的,因此我們可能需要演算法具有較好的「漸進特性」,即並不要求演算法輸出精確的理論最佳解,能夠輸出近似的較優解,且解的品質隨著疊代次數的增加而提升即可。我們往往稱這種演算法為「疊代演算法」,對於數字三角形問題,我們考慮以下變式。

📂 數字三角形問題（變式 3）

智慧體初始在三角形的頂端，每次可以選擇向下（↓）或向右（↘）的動作。環境會對處於任意座標 (i, j) 的智慧體的動作產生「干擾」，而且這個干擾的具體機率未知。允許在數字三角形的環境中進行 K 次試驗（K 可能很小也可能很大）。請設計試驗方案和流程，確定智慧體在每個座標處應該選擇的動作 $\pi(i, j)$，使得智慧體經過的路徑上的數字之和的期望盡可能大。

為了解決這個問題，我們不妨從更高的層次來檢查我們目前的演算法做了什麼。其實演算法的主體是交替進行「策略評估」和「策略改進」兩個步驟。

- 「策略評估」根據智慧體在座標 (i, j) 處的動作 $\pi(i, j)$，評估在這套動作組合下，智慧體在座標 (i, j) 選擇動作 a 的未來期望 $q(i, j, a)$。
- 「策略改進」根據上一步計算出的 $q(i, j, a)$，選擇未來期望最大的動作來更新動作 $\pi(i, j)$。

事實上，這一「策略評估」和「策略改進」的交替步驟並不一定需要按照層的順序自下而上進行。我們只要確保演算法在根據有限的試驗結果「儘量」反覆進行策略評估和策略改進後，能夠使輸出的結果「漸進」地變好。於是，我們考慮以下演算法流程。

- 初始化 $q(i, j, a)$ 和 $\pi(i, j)$。
- 重複執行以下操作，直到所有座標的 q 值都不再變化，或總試驗次數大於 K。
  - 固定智慧體動作 $\pi(i, j)$ 的設定值，進行 k 次試驗（試驗時加入一些隨機擾動，使其「探索」更多動作組合，A.3 節也有類似操作）。
  - 策略評估：根據當前 k 次試驗的結果，調整智慧體的未來期望 $q(i, j, a)$

的設定值，使得 $q(i, j, a)$ 的設定值「儘量」能夠真實反映智慧體在當前動作 $\pi(i, j)$ 下的未來期望（前面是精確調整[4]至等於未來期望）。

- 策略改進：根據當前 $q(i, j, a)$ 的值，選擇未來期望較大的動作作為 $\pi(i, j)$ 的設定值。

為了瞭解這個演算法，我們不妨考慮一種極端情況：假設每輪疊代的試驗次數 k 的值足夠大，則策略評估步驟中可以將 $q(i, j, a)$ 精確調整為完全等於智慧體在當前動作 $\pi(i, j)$ 下的未來期望，事實上就變成了 A.3 節演算法的「粗放版」。（A.3 節的演算法每次只更新一層的 $q(i, j, a)$ 值為精確的未來期望，這裡每次都更新所有的 $q(i, j, a)$ 值。在結果上沒有差別，只是多了一些容錯計算。）

上面的演算法只是一個大致的框架介紹。為了具體實現演算法，我們接下來需要討論兩個問題：一是如何根據 k 次試驗的結果更新智慧體的未來期望 $q(i, j, a)$，二是如何在試驗時加入隨機的探索機制。

A.4.1 q 值的漸進性更新

當每輪疊代的試驗次數 k 足夠大、覆蓋的情形足夠廣，以至於每個座標 (i, j) 和動作 a 的組合都有足夠多的資料的時候，q 值的更新很簡單：根據試驗結果為每個 (i, j, a) 重新計算一個新的 $\bar{q}(i, j, a)$，並替換原有數值即可。

可是現在，我們一共只有較少的 k 次試驗結果（例如 5 次或 10 次）。儘管這 k 次試驗是基於當前最新的動作方案 $\pi(i, j)$ 來實施的，可一是次數太少統計效應不明顯，二是原來的 q 值也不見得那麼不可靠（畢竟每次疊

---

4 這裡和下文中的「精確」都是相對於疊代演算法的有限次試驗而言的。只要是基於試驗的方法，所獲得的期望都是估計值。

代並不見得會把 $\pi(i, j)$ 更改太多）。於是，相比於根據試驗結果直接計算一個新的 q 值 $\bar{q}(i,j,a) = \dfrac{q_1 + \cdots + q_n}{n}$ 並覆蓋原有值 [5]：

$$q_{\text{new}}(i,j,a) \leftarrow \underbrace{\bar{q}(i,j,a)}_{\text{target}} \tag{A-5}$$

一個更聰明的方法是「漸進」地更新 q 值。也就是說，我們把舊的 q 值向當前試驗的結果 $\bar{q}(i,j,a)$ 稍微「牽引」一點，作為新的 q 值，從而讓新的 q 值更接近當前試驗的結果 $\bar{q}(i,j,a)$，

即：

$$q_{\text{new}}(i,j,a) \leftarrow q_{\text{old}}(i,j,a) + \alpha[\underbrace{\bar{q}(i,j,a)}_{\text{target}} - q_{\text{old}}(i,j,a)] \tag{A-6}$$

其中參數 α 控制牽引的「力度」（牽引力度為 1 時，就退化為了使用試驗結果直接覆蓋 q 值的式 A-5，不過我們一般會設一個小一點的數字，比如 0.1 或 0.01）。透過這種方式，我們既加入了新的試驗所帶來的資訊，又保留了部分舊的知識，其實很多疊代演算法都有類似的特點。

不過，只有當一次試驗完全做完的時候才能獲得 $\bar{q}(i,j,a)$ 的值。也就是說，只有走到了數字三角形的最底層，才能知道路徑途中的每個座標到路徑最底端的數字之和（從而更新路徑途中的所有座標的 q 值）。這

---

5 我們在前面的直接演算法裡一直都是這樣做的。不過這裡疊代第一步的試驗時加入隨機擾動的「探索策略」是不太對的。k 次試驗結果受到了探索策略的影響，導致我們所評估的其實是隨機擾動後的動作 $\pi(i, j)$，這使得我們根據試驗結果統計出的 $\bar{q}(i,j,a)$ 存在偏差。為了解決這個問題，我們有兩種方法。第一種方法是把隨機擾動的「探索策略」加到第三步策略改進選擇最大期望的過程中，第二種方法採用叫作「重要度取樣」（importance sampling）的方法。由於我們真實採用的 q 值更新方法多是後面介紹的時間差分方法，所以這裡省略關於重要度取樣的介紹，有需要的讀者可以參考 A.6 節列出的強化學習相關文獻進行了解。

在有些場景中會造成效率低下，所以我們在實際更新時往往使用另一種方法，使得我們每走一步都可以更新一次 q 值。具體地說，假設某一次試驗中我們在數字三角形的座標 (i, j) 處，透過執行動作 $\alpha = \pi(i, j) + \epsilon$（$+\epsilon$ 代表加上一些探索擾動）而跳到了座標 (i', j')（即「走一步」，可能是 $(i+1, j)$，也可能是 $(i+1, j+1)$），然後又在座標 (i', j') 處執行了動作 $a' = \pi(i', j') + \epsilon$。這時我們可以用 $r(i', j') + q(i', j', a')$ 來近似替代之前的 $\bar{q}(i, j, a)$，如式 A-7 所示：

$$q_{\text{new}}(i, j, a) \leftarrow q_{\text{old}}(i, j, a) + \alpha [\underbrace{r(i', j') + q(i', j', a')}_{\text{target}} - q_{\text{old}}(i, j, a)] \tag{A-7}$$

我們甚至可以不需要試驗結果中的 a'，使用在座標 (i', j') 時兩個動作對應的 q 值的較大者 $\max[q(i', j', \downarrow), q(i', j', \searrow)]$ 來代替 $q(i', j', a')$，如式 A-8 所示：

$$q_{\text{new}}(i, j, a) \leftarrow q_{\text{old}}(i, j, a) + \alpha (\underbrace{r(i', j') + \max[q(i', j', \downarrow), q(i', j', \searrow)]}_{\text{target}} - q_{\text{old}}(i, j, a)) \tag{A-8}$$

A.4.2 探索策略

對於我們前面介紹的基於試驗的演算法而言，由於環境裡的機率參數是未知的（類似將環境看作黑盒），所以我們在試驗時一般需要加入一些隨機的「探索策略」，以保證試驗的結果能覆蓋比較多的情況。不然由於智慧體在每個座標都具有固定的動作 $\pi(i, j)$，試驗的結果會受到極大的限制，導致陷入局部最佳的情況。考慮最極端的情況，倘若我們回到原版數字三角形問題（環境確定、已知且不受機率影響），當動作 $\pi(i, j)$ 也固定時，無論進行多少次試驗，結果都是完全固定且唯一的，使得我們沒有任何改進和最佳化的空間。

探索的策略有很多種，在此我們介紹一種較為簡單的方法：設定一個機率 ϵ，以 ϵ 的機率隨機生成動作（↓或↘），以 $1-\epsilon$ 的機率選擇動作 $\pi(i, j)$。我們可以看到，當 $\epsilon=1$ 時，相當於完全隨機地選取動作。當 $\epsilon=0$ 時，則相當於沒有加入任何隨機因素，直接選擇動作 $\pi(i, j)$。一般而言，在疊代初始的時候 ϵ 的設定值較大，以擴大探索的範圍。隨著疊代次數的增加，$\pi(i, j)$ 的值逐漸變優，ϵ 的設定值會逐漸減小。

▍ A.5 大規模問題的求解

演算法設計有兩個永恆的指標：時間和空間。透過將直接演算法改造為疊代演算法，我們初步解決了演算法在時間消耗上的問題。於是我們的下一個挑戰就是空間消耗，這主要表現在 q 值的儲存上。在前面的描述中，我們不斷疊代更新 $q(i, j, a)$ 的值。這預設了我們在記憶體中建立了一個 $N \times N \times 2$ 的三維陣列，可以記錄並不斷更新 q 值。然而，假如 N 很大，電腦的記憶體空間又很有限，我們該怎麼辦呢？

來思考一下，當我們具體實現 $q(i, j, a)$ 時，我們需要其能夠實現的功能有二。

- q 值映射：指定座標 (i, j) 和動作 a（↓或↘），可以輸出一個 $q(i, j, a)$ 值。
- q 值更新：指定座標 (i, j)、動作 a 和目標值 target，可以更新 q 值映射，使得更新後輸出的 $q(i, j, a)$ 距離目標值 target 更近。

事實上，我們有不少近似方法，可以讓我們在不使用太多記憶體的情況下實現一個滿足以上兩個功能的 $q(i, j, a)$。這裡介紹一種最流行的方法，即使用深度神經網路近似實現 $q(i, j, a)$。

- q 值映射：將座標 (i, j) 輸入深度神經網路，網路輸出在座標 (i, j) 下的所有動作的 q 值（即 $q(i, j, \downarrow)$ 和 $q(i, j, \searrow)$）。

- q 值更新：指定座標 (i, j)、動作 a 和目標值 target，將座標 (i, j) 輸入深度神經網路，網路輸出在座標 (i, j) 下的所有動作的 q 值，取其中動作為 a 的 q 值為 $q(i, j, a)$，並定義損失函數 $\text{loss} = (\text{target} - q(i, j, a))^2$，使用最佳化器（例如梯度下降）對該損失函數進行一步最佳化。此處最佳化器的步進值和上文中「牽引參數」α 的作用類似。

對於數字三角形問題，圖 A-6 中左圖為使用三維陣列實現 $q(i, j, a)$，右圖為使用深度神經網路近似實現 $q(i, j, a)$。

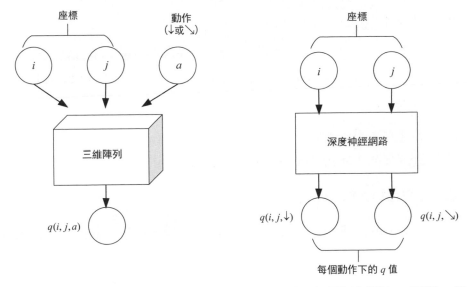

圖 A-6　使用陣列精確儲存、更新 q 值和使用神經網路近似儲存、更新 q 值

▌ A.6 小結

儘管我們在前文中並未提及「強化學習」一詞，但其實我們在對數字三角形問題各種變式的討論中，已經涉及了很多強化學習的基本概念及演算法，在此列舉如下。

- 在 A.2 節中，我們討論了基於模型的強化學習（model-based reinforcement learning），包括值疊代（value iteration）和策略疊代（policy iteration）兩種方法。

- 在 A.3 節中，我們討論了無模型的強化學習（model-free reinforcement learning）。

- 在 A.4 節中，我們討論了蒙地卡羅方法（monte-carlo method）和時間差分法（temporal-difference method），以及 SARSA 和 Q-Learning 兩種學習方法。

- 在 A.5 節中，我們討論了使用 Q 網路（Q-Network）近似實現 Q 函數來進行深度強化學習（deep reinforcement learning）。

部分術語對應關係如下。

- 數字三角形的座標 (i, j) 稱為狀態（state），用 s 表示。狀態的集合用 S 表示。

- 智慧體的兩種動作↓和↘稱為動作（action），用 a 表示。動作的集合用 A 表示。

- 數字三角形在每個座標的數字 $r(i, j)$ 稱為獎勵（reward），用 $r(s)$（只與狀態有關）或 $r(s, a)$（與狀態和動作均有關）表示。獎勵的集合用 R 表示。

- 數字三角形環境中的機率參數 p_1 和 p_2 稱為狀態轉移機率（state transition probabilities），用一個三參數函數 $p(s, a, s')$ 表示，代表在狀態 s 進行動作 a 到達狀態 s' 的機率。

- 狀態、動作、獎勵、狀態轉移機率，外加一個時間折扣係數 $\gamma \in [0,1]$ 的五元組成一個馬可夫決策過程（markov decision process，MDP）。在數字三角形問題中，$\gamma = 1$。

- 在 A.2 節中，MDP 已知的強化學習稱為基於模型的強化學習，A.3 節中 MDP 狀態轉移機率未知的強化學習稱為無模型的強化學習。

- 智慧體在每個座標 (i, j) 處會選擇的動作 $\pi(i, j)$ 稱為策略（policy），用 $\pi(s)$ 表示。智慧體的最佳策略用 $\pi^*(s)$ 表示。

- 在 A.2 節中，當策略 $\pi(i, j)$ 一定時，智慧體在座標 (i, j) 處「現在及未來將獲得的數字之和的期望」$f(i, j)$ 稱為狀態 – 價值函數（state-value function），用 $V^\pi(s)$ 表示。智慧體在座標 (i, j) 處「未來將獲得的數字之和的期望的最大值」$g(i, j)$ 稱為最佳策略下的狀態 – 價值函數，用 $V^*(s)$ 表示。

- 在 A.3 節中，當策略 $\pi(i, j)$ 一定時，智慧體在座標 (i, j) 處選擇動作 a 時「現在及未來將獲得的數字之和的期望」$q(i, j, a)$ 稱為動作 – 價值函數（action-value function），用 $Q^\pi(s, a)$ 表示。最佳策略下的狀態 – 價值函數用 $Q^*(s, a)$ 表示。

- 在 A.3 節和 A.4 節中，使用試驗結果直接取平均值估計 $\bar{q}(i, j, a)$ 的方法，稱為蒙地卡羅方法。式 A-7 中用 $r(i', j') + q(i', j', a')$ 來近似替代 $\bar{q}(i, j, a)$ 的方法稱為時間差分法，其中的 q 值更新方法本身稱為 SARSA 方法。式 A-8 稱之為 Q-Learning 方法。

⊞ 推薦閱讀

如果讀者希望進一步瞭解強化學習相關知識，可以參考下面的資料。

- 上海交通大學多智慧體強化學習教學（SJTU Multi-Agent Reinforcement Learning Tutorial，強化學習入門幻燈片）
- 強化學習知識大講堂（內容廣泛的中文強化學習專欄）
- 《深入淺出強化學習：原理入門》[6]（較為通俗易懂的中文強化學習入門教學）
- 《強化學習（第 2 版）》[7]（較為系統理論的經典強化學習教材）

6 　郭憲、方勇純著，電子工業出版社 2018 年出版。
7 　理查•薩頓、安德魯•巴圖著，俞凱譯，電子工業出版社 2019 年出版。

使用 Docker 部署
TensorFlow 環境

⤓ 提示

本部分針對沒有 Docker 經驗的讀者。對於已熟悉 Docker 的讀者,可直接參考 TensorFlow 官方文件進行部署。

Docker 是羽量級的容器環境,將程式放在虛擬的「容器」或説「保護層」中運行,既能夠避免設定各種函數庫、依賴和環境變數的麻煩,又克服了虛擬機器資源佔用多、啟動慢的缺點。使用 Docker 部署 TensorFlow 的步驟如下。

(1) 安裝 Docker。在 Windows 系統下,下載官方網站的安裝套件進行安裝即可。Linux 下建議使用官方的快速指令稿進行安裝,即在命令列輸入:

```
wget -qO- https://get.docker.com/ | sh
```

如果當前的使用者非 root 使用者,可以執行 sudo usermod -aG docker your-user 命令將當前使用者加入 docker 使用者群組。重新登入後即可直接運行 Docker。

在 Linux 下，透過以下命令啟動 Docker 服務：

```
sudo service docker start
```

(2) 拉取 TensorFlow 映射。Docker 將應用程式及其依賴打包在映射檔案中，透過映射檔案生成容器。使用 docker image pull 命令拉取適合自己需求的 TensorFlow 映射，例如：

```
# 最新穩定版本 TensorFlow（Python 3.5，CPU 版）
docker image pull tensorflow/tensorflow:latest-py3
# 最新穩定版本 TensorFlow（Python 3.5，GPU 版）
docker image pull tensorflow/tensorflow:latest-gpu-py3
```

更多映射版本可參考 TensorFlow 官方文件。

(3) 基於拉取的映射檔案，創建並啟動 TensorFlow 容器。使用 docker container run 命令創建一個新的 TensorFlow 容器並啟動。

CPU 版本的 TensorFlow：

```
docker container run -it tensorflow/tensorflow:latest-py3 bash
```

> ⬇ 提示
>
> docker container run 命令的部分選項如下。
> - -it：讓 Docker 運行的容器能夠在終端進行互動。
>   - -i（--interactive）：允許與容器內的標準輸入（STDIN）進行互動。
>   - -t（--tty）：在新容器中指定一個偽終端。
> - --rm：容器中的處理程序運行完畢後自動刪除容器。
> - tensorflow/tensorflow:latest-py3：新容器基於的映射。如果本地不存在指定的映射，會自動從公有倉庫下載。
> - Bash：在容器中運行的命令（處理程序）。Bash 是大多數 Linux 系統的預設 shell。

GPU 版本的 TensorFlow：

若需要在 TensorFlow Docker 容器中開啟 GPU 支援，需要具有一片 NVIDIA 顯示卡並已正確安裝驅動程式（詳見第 1 章）。同時需要安裝 nvidia-docker，依照官方文件中的「快速開始」部分逐行輸入命令即可。

> 💣 **警告**
>
> 當前 nvidia-docker 僅支持 Linux。

安裝完畢後，在 docker container run 命令中增加 --runtime=nvidia 選項，並基於具有 GPU 支援的 TensorFlow Docker 映射啟動容器即可：

```
docker container run -it --runtime=nvidia tensorflow/tensorflow:latest-gpu-py3 bash
```

📁 **Docker 常用命令**

映射（image）相關操作：

```
docker image pull [image_name]   # 從倉庫中拉取映射[image_name]到本機
docker image ls                  # 列出所有本地映射
docker image rm [image_name]     # 刪除名為[image_name]的本地映射
```

容器（container）相關操作：

```
docker container run [image_name] [command] # 基於[image_name]映射建立並
啟動容器，並運行
                  # [command]
docker container ls   # 列出本機正在運行的容器（加入--all 參數列出所有
                  # 容器，包括已停止運行的容器）
docker container rm [container_id]    # 刪除 ID 為[container_id]的容器
```

Docker 入門教學可參考阮一峰老師的《Docker 入門教學》和 Docker Cheat Sheet。

Appendix

C

在雲端使用 TensorFlow

C.1 在 Colab 中使用 TensorFlow

Google Colab 是 Google 的免費線上互動式 Python 運行環境，且提供 GPU 支援。有了它，機器學習開發者們無須在自己的電腦上安裝環境，就能隨時隨地從雲端存取和運行自己的機器學習程式。

首先我們進入 Colab，新建一個 Python 3 筆記木，介面如圖 C-1 所示。

圖 C-1　新建一個 Python 3 筆記本

如果需要使用 GPU，則點擊選單「執行階段」→「變更執行階段類型」，在「硬體加速器」一項中選擇 "GPU"，如圖 C-2 所示。

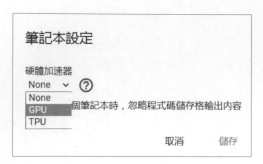

圖 C-2　在「硬體加速器」一項中選擇 "GPU"

我們在主介面輸入一行程式，例如 import tensorflow as tf，然後按下 Ctrl + Enter 鍵執行程式（如果直接按下 Enter 鍵表示換行，可以一次輸入多行程式並運行）。此時 Colab 會自動連接到雲端的運行環境，並將狀態顯示在右上角。

運行完成後，點擊介面左上角的「+ 程式碼」會新增一個輸入框，我們輸入 tf.__version__，再次按下 Ctrl + Enter 鍵執行程式，以查看 Colab 預設的 TensorFlow 版本，執行情況如圖 C-3 所示。

圖 C-3　查看 Colab 預設的 TensorFlow 版本

> ↗ 小技巧
>
> Colab 支援程式提示，可以在輸入 tf. 後按下 Tab 鍵，會彈出程式提示的下拉式功能表。

可見，截至本文寫作時，Colab 中的 TensorFlow 預設版本是 1.14.0。
在 Colab 中，可以使用 !pip install 或 !apt-get install 來安裝 Colab 中尚未
安裝的 Python 函數庫或 Linux 軟體套件。比如在這裡，我們希望使用
TensorFlow 2.0 beta1 版本，那麼點擊左上角的「＋程式碼」並輸入：

```
!pip install tensorflow-gpu==2.0.0-beta1
```

然後按下 Ctrl + Enter 鍵執行，運行結果如圖 C-4 所示。

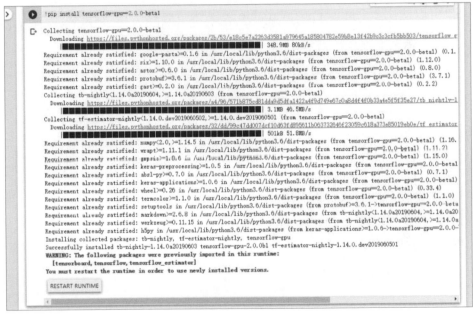

圖 C-4　運行結果

可見，Colab 提示我們重新啟動運行環境以使用新安裝的 TensorFlow 版
本。於是我們點擊運行框最下方的 Restart Runtime（或選單「執行階段」
→「重新啟動執行程式」），然後再次匯入 TensorFlow 並查看版本，結果
如圖 C-5 所示。

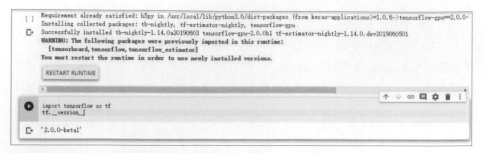

圖 C-5　再次匯入 TensorFlow 並查看版本

我們可以使用 tf.test.is_gpu_available 函數來查看當前環境的 GPU 是否可用，如圖 C-6 所示。

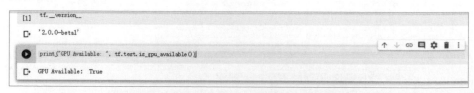

圖 C-6　查看當前環境的 GPU 是否可用

可見，我們成功在 Colab 中設定了 TensorFlow 2 環境並啟用了 GPU 支援。你甚至可以透過 !nvidia-smi 查看當前的 GPU 資訊，如圖 C-7 所示，GPU 的型號為 Tesla T4。

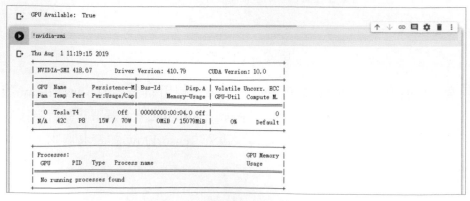

圖 C-7　查看當前的 GPU 資訊

▎C.2 在 GCP 中使用 TensorFlow

GCP（Google Cloud Platform）是 Google 的雲端運算服務。GCP 收費靈活，預設按時長計費。也就是說，你可以迅速建立一個帶 GPU 的實例，訓練一個模型，然後立即關閉（關機或刪除實例）。GCP 只收取在實例開啟時所產生的費用，關機時只收取磁碟儲存的費用，刪除後即不再繼續收費。

我們可以透過兩種方式在 GCP 中使用 TensorFlow：使用 Compute Engine 建立帶 GPU 的實例，或使用 AI Platform 中的 Notebook 建立帶 GPU 的線上 JupyterLab 環境。

C.2.1 在 Compute Engine 中建立帶 GPU 的實例並部署 TensorFlow

GCP 的 Compute Engine 類似於 AWS，允許使用者快速建立自己的虛擬機器實例。在 Compute Engine 中，可以很方便地建立具有 GPU 的虛擬機器實例，只需要進入 Compute Engine 的 VM 實例，並在創建實例的時候選擇 GPU 類型和數量即可，如圖 C-8 所示。

需要注意以下兩點。

(1) 只有特定區域的機房具有 GPU，且不同類型的 GPU 地區範圍不同，可參考 GCP 官方文件並選擇適合的地區建立實例。

(2) 在預設情況下，GCP 帳號的 GPU 配額非常有限，你很可能需要在使用前申請提升自己帳號在特定地區、特定型號的 GPU 配額，GCP 會有工作人員手動處理申請，並給你的電子郵件發送郵件通知，大約需要數小時至兩個工作日。

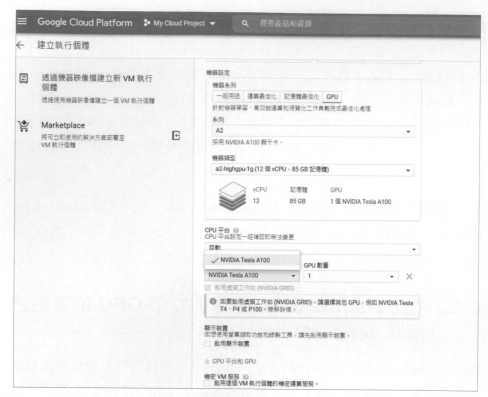

圖 C-8　選擇 GPU 類型和數量

當建立好具有 GPU 的 GCP 虛擬機器實例後，設定工作與在本地大致相同。系統中預設並沒有 NVIDIA 顯示卡驅動，依然需要自己安裝。

以下命令展示了在具有 Tesla K80 GPU、作業系統為 Ubuntu 18.04 LTS 的 GCP 虛擬機器實例中，設定 NVIDIA 410 驅動、CUDA 10.0、cuDNN 7.6.0 及 TensorFlow 2.0 beta 環境的過程：

```
sudo apt-get install build-essential        # 安裝編譯環境
# 下載 NVIDIA 驅動
wget http://us.download.nvidia.com/tesla/410.104/NVIDIA-Linux-x86_64-410.104.run
sudo bash NVIDIA-Linux-x86_64-410.104.run   # 安裝驅動 (一直點擊 Next)
```

```
# nvidia-smi  # 查看虛擬機器中的 GPU 型號
wget https://repo.anaconda.com/miniconda/Miniconda3-latest-Linux-x86_64.sh
# 下載 Miniconda
bash Miniconda3-latest-Linux-x86_64.sh # 安裝 Miniconda（安裝完需要重新啟動終端）
conda create -n tf2.0-beta-gpu python=3.6
conda activate tf2.0-beta-gpu
conda install cudatoolkit=10.0
conda install cudnn=7.6.0
pip install tensorflow-gpu==2.0.0-beta1
```

輸入 nvidia-smi 會顯示：

```
~$ nvidia-smi
Fri Jul 12 10:30:37 2019
+-----------------------------------------------------------------------------+
| NVIDIA-SMI 410.104      Driver Version: 410.104      CUDA Version: 10.0     |
|-------------------------------+----------------------+----------------------+
| GPU  Name        Persistence-M| Bus-Id        Disp.A | Volatile Uncorr. ECC |
| Fan  Temp  Perf  Pwr:Usage/Cap|         Memory-Usage | GPU-Util  Compute M. |
|===============================+======================+======================|
|   0  Tesla K80           Off  | 00000000:00:04.0 Off |                    0 |
| N/A   63C    P0    88W / 149W |      0MiB / 11441MiB |    100%      Default |
+-------------------------------+----------------------+----------------------+

+-----------------------------------------------------------------------------+
| Processes:                                                       GPU Memory |
|  GPU       PID   Type   Process name                             Usage      |
|=============================================================================|
|  No running processes found                                                 |
+-----------------------------------------------------------------------------+
```

C.2.2 使用 AI Platform 中的筆記本建立帶 GPU 的 線上 JupyterLab 環境

如果你不希望進行繁雜的設定，想要迅速獲得一個開箱即用的線上互動式 Python 環境，可以使用 GCP 的 AI Platform 中的筆記本。筆記本預先安裝了 JupyterLab，可以視為 Colab 的付費升級版，具備更多功能且限制較少。

進入筆記本頁面，點擊「新增執行個體」→ "TensorFlow 2.0-With 1 NVIDIA Tesla K80"，介面如圖 C-9 所示。

圖 C-9　新建筆記本實例

也可以點擊「自訂」來進一步設定實例,例如選擇區域、GPU 類型和個數,與創建 Compute Engine 實例類似。

📥 提示

和 Compute Engine 實例一樣,你很可能需要在這裡選擇適合的區域,以及申請提升自己帳號在特定地區的特定型號 GPU 的配額。

建立完成後,點擊「打開 JUPYTERLAB」即可進入如圖 C-10 所示的介面。

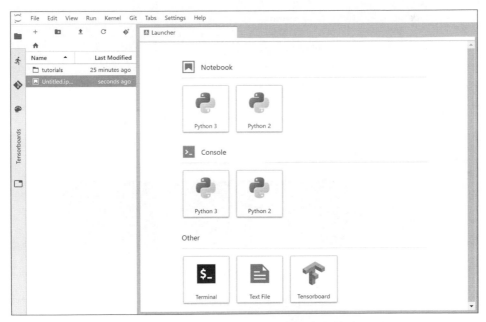

圖 C-10　點擊「打開 JUPYTERLAB」後介面圖

建立一個 Python 3 筆記本,測試 TensorFlow 環境,如圖 C-11 所示。

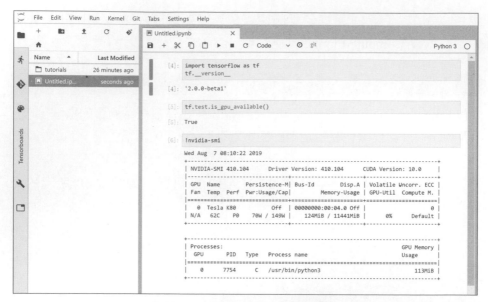

圖 C-11　建立 Python 3 筆記本

我們還可以點擊左上角的 "+" 號新建一個終端，如圖 C-12 所示。

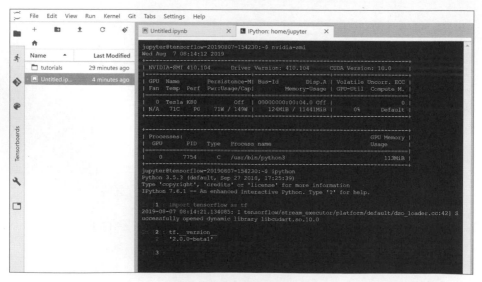

圖 C-12　新建一個終端

C.2.3 在阿里雲上使用 GPU 實例運行 TensorFlow(本小節圖說為簡中介面)

也有部分雲端服務商（如阿里雲和騰訊雲）提供了 GPU 實例，且可按量計費。至撰寫本書時，具備單一 GPU 的實例價格在每小時數元（Tesla P4）至每小時二十多元（Tesla V100）不等。下面我們簡介在阿里雲使用 GPU 實例。

> 📥 **提示**
>
> 不同地區、設定和付費方式，實例的價格也是多樣化的，請根據需要合理選擇。如果是臨時需要的計算任務，可以考慮按量付費以及使用先佔式 VPS，以節省資金。

存取阿里雲購買頁面，點擊「購買」後介面如圖 C-13 所示。

圖 C-13　點擊「購買」

此處，我們選擇一個帶有 Tesla P4 計算卡的實例。在系統映像檔中，阿里雲提供多種選擇，可以根據需要選擇合適的映像檔，如圖 C-14 所示。

圖 C-14　根據需要選擇合適的映像檔

如果選擇「公共映像檔」，可以根據提示選擇自動安裝 GPU 驅動，避免後續安裝驅動的麻煩。

圖 C-15　「映像檔市場」介面

在「映像檔市場」中，官方也提供了適合深度學習的訂製映像檔，如圖 C-15 所示。

在本範例中，我們選擇預先安裝了 NVIDIA RAPIDS 的 Ubuntu 16.04 映像檔。

然後，透過 ssh 連接上我們選購的伺服器，並使用 nvidia-smi 查看 GPU 資訊：

```
(rapids) root@iZ8vb2567465uc1ty3f4ovZ:~# nvidia-smi
Sun Aug 11 23:53:52 2019
+-----------------------------------------------------------------------------+
| NVIDIA-SMI 418.67       Driver Version: 418.67       CUDA Version: 10.1      |
|-------------------------------+----------------------+----------------------+
| GPU  Name        Persistence-M| Bus-Id        Disp.A | Volatile Uncorr. ECC |
| Fan  Temp  Perf  Pwr:Usage/Cap|         Memory-Usage | GPU-Util  Compute M. |
|===============================+======================+======================|
|   0  Tesla P4            On   | 00000000:00:07.0 Off |                    0 |
| N/A   29C    P8     6W /  75W |      0MiB /  7611MiB |      0%      Default |
+-------------------------------+----------------------+----------------------+

+-----------------------------------------------------------------------------+
| Processes:                                                       GPU Memory |
|  GPU       PID   Type   Process name                             Usage      |
|=============================================================================|
|  No running processes found                                                 |
+-----------------------------------------------------------------------------+
```

確認驅動無誤之後，其他操作就可以照常執行了。

> ## ⬇ 提示
>
> 阿里雲這種雲端服務提供商一般對於 VPS 的通訊埠進行了安全性原則限
> 制，請關注所使用的通訊埠是否在安全性原則的放行列表中，以免影響
> TensorFlow Serving 和 Tensorboard 的使用。

部署自己的互動式 Python 開發環境 JupyterLab

如果你既希望獲得本地或雲端強大的運算能力,又希望獲得 Jupyter Notebook 或 Colab 中方便的線上 Python 互動式運行環境,那麼可以為自己的本機伺服器或雲端服務器安裝 JupyterLab。JupyterLab 可以視為升級版的 Jupyter Notebook 或 Colab,提供多標籤頁支援,擁有線上終端、檔案管理等一系列方便的功能,接近於一個線上的 Python IDE。

> **↗ 小技巧**
>
> 部分雲端服務提供了開箱即用的 JupyterLab 環境,例如 C.2.2 節介紹的 GCP 中 AI Platform 的 Notebook,以及 FloydHub。

在部署好 Python 環境後,先使用以下命令安裝 JupyterLab:

```
pip install jupyterlab
```

然後使用以下命令運行 JupyterLab:

```
jupyter lab --ip=0.0.0.0
```

接著根據輸出的提示,使用瀏覽器存取 http:// 伺服器位址:8888,並使用輸出中提供的權杖(token)直接登入(或設定密碼後登入)。JupyterLab 的介面如圖 D-1 所示。

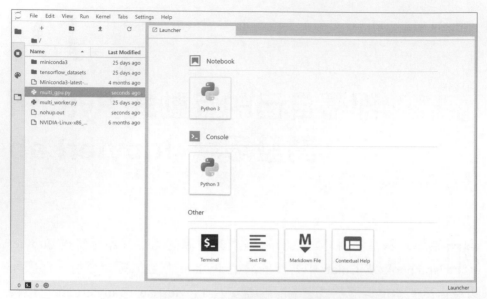

圖 D-1　JupyterLab 的介面

📥 **提示**

可以使用 --port 參數指定通訊埠編號。

部分雲端服務（如 GCP）的實例預設不開放大多數網路通訊埠。如果使用預設通訊埠編號，需要在防火牆設定中打開通訊埠（例如 GCP 需要在「虛擬機器實例詳情」→「網路介面」→「查看詳情」中新建防火牆規則，開放對應通訊埠並應用到當前實例）。

如果需要在終端退出後仍然持續運行 JupyterLab，可以使用 nohup 命令及 & 將其放入後台運行，即：

```
nohup jupyter lab --ip=0.0.0.0 &
```

程式的輸出可以在目前的目錄下的 nohup.txt 中找到。

為了在 JupyterLab 的 Notebook 中使用自己的 conda 環境，需要使用以下命令：

```
conda activate 環境名(如 C.2 節建立的 tf2.0-beta-gpu)
conda install ipykernel
ipython kernel install --name 環境名 --user
```

然後重新開機 JupyterLab，即可在 Kernel 選項和啟動器建立 Notebook 的選項中找到自己的 conda 環境，如圖 D-2 和圖 D-3 所示。

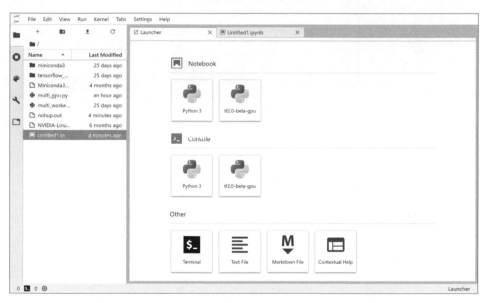

圖 D-2　Notebook 中新增了 "tf2.0-beta-gpu" 選項

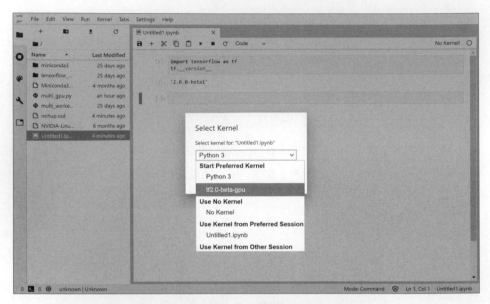

圖 D-3　可以在 Kernel 中選擇 "tf2.0-beta-gpu"

參考資料與推薦閱讀

本書是一本 TensorFlow 技術手冊，並不包含太多關於機器學習或深度學習的理論知識。然而，一份好的機器學習入門資料仍然對瞭解 TensorFlow 技術非常重要。對於希望入門機器學習或深度學習原理的讀者，我（具有個人主觀色彩和局限性）在這裡列出以下閱讀建議。

如果你是一名在校大學生或研究所學生，具有較好的數學基礎，可以使用以下教材開始學習機器學習和深度學習：

- 《統計學習方法》[1]
- 《機器學習》[2]
- 《神經網路與深度學習》[3]

如果你希望閱讀更具實踐性的內容，推薦以下參考書：

- 《機器學習實戰：基於 Scikit-Learn 和 TensorFlow》[4]

1　李航著，清華大學出版社 2012 年出版。
2　周志華著，清華大學出版社 2016 年出版。
3　邱錫鵬著，機械工業出版社 2020 年出版。
4　奧雷利安・傑龍著，王靜源、賈瑋、邊蕤、邱俊濤譯，機械工業出版社 2018 年出版。

- 《TensorFlow：實戰 Google 深度學習框架（第 2 版）》[5]
- 《動手學深度學習》[6]

如果你對大學的知識已經生疏，或還是高中生，推薦首先閱讀以下教材：
- 《人工智慧基礎（高中版）》[7]

對於貝氏的角度，推薦以下入門書：
- 《貝氏方法：機率程式設計與貝氏推斷》[8]

如果你喜歡相對生動的視訊講解，可以參考以下公開課程：

- 「台灣大學」李宏毅教授的《機器學習》課程；
- Google 的《機器學習速成課程》（內容已全部中文化，注重實踐）；
- Andrew Ng 的《機器學習》課程（較偏理論，英文含字幕）。

相對地，一本不夠合適的教材則可能會毀掉初學者的熱情。對於缺乏基礎的初學者，不推薦以下參考書：

- 《深度學習》[9]，又名「花書」（源於封面），英文版目前已經線上開放閱讀，這是一本深度學習領域的全面專著，但更像是一本工具書；
- *Pattern Recognition and Machine Learning*[10]，又名 PRML，目前已開放免費下載，該書以貝氏的角度為主，難度不適合缺乏數學基礎的入門者。

5　鄭澤宇、梁博文、顧思宇著，電子工業出版社 2018 年出版。

6　阿斯頓・張、李沐、紮卡裡・C. 立頓等著，人民郵電出版社 2019 年出版。

7　湯曉鷗、陳玉琨著，華東師範大學出版社 2018 年出版。

8　卡美隆・大衛森－皮隆著，辛願、鐘黎、歐陽婷譯，人民郵電出版社 2016 年出版。

9　伊恩・古德費洛、約書亞・本吉奧、亞倫・函數庫維爾著，趙申劍、黎彧君、符天凡、李凱譯，人民郵電出版社 2017 年出版。

10　Christopher M. Bishop 著，施普林格出版社（Springer）2006 年出版。

🔍 **重要**

不推薦以上參考書並不是說這些作品不夠優秀！事實上，正是因為它們太優秀，影響力太大，才不得不在此特意提醒一下，這些書可能並不適合絕大多數初學者。就像應該很少有學校用《電腦程式設計藝術》（*The Art of Computer Programming*）作為電腦的入門教材一樣。對於已經入門或有志於深層次研究的學者，當可從這些書中受益匪淺。

---

11 簡稱 TAOCP，被不少人譽為「電腦科學的聖經」，但閱讀難度較高，真正完整讀過的人並不多。

術語中英對照

- 變數，Variable
- 操作，Operation
- 操作節點，OpNode
- 層，Layer
- 導數（梯度），Gradient
- 多層感知機，Multilayer Perceptron（MLP）
- 即時執行模式，Eager Execution
- 計算圖（資料流程圖），Dataflow Graph
- 檢查點，Checkpoint
- 監視，Watch
- 卷積神經網路，Convolutional Neural Network（CNN）
- 列表，List
- 權杖，Token
- 命名空間，Namespace
- 批次，Batch
- 評估指標，Metrics
- 強化學習，Reinforcement Learning（RL）
- 容器，Container

- 上下文，Context
- 上下文管理器，Context Manager
- 深度強化學習，Deep Reinforcement Learning（DRL）
- 損失函數，Loss Function
- 梯度帶，GradientTape
- 圖執行模式，Graph Execution
- 推斷，Inference
- 形狀，Shape
- 循環神經網路，Recurrent Neural Network（RNN）
- 最佳化器，Optimizer
- 張量，Tensor
- 字典，Dictionary（Dict）